經營顧問叢書 ㉞

U0070559

財務部流程規範化管理（增訂三版）

郭東萊 / 編著

憲業企管顧問有限公司　　發行

《財務部流程規範化管理》〈增訂三版〉

序　言

　　本書《財務部流程規範化管理》是增訂三版，把工作流程與規範管理落實，進而落實到財務部門的每一個工作崗位和每一件工作事項，是高效執行精細化財務管理的務實舉措，只有層層實行規範化管理，事事有規範，人人有事幹，辦事有標準流程，工作有方案，才能提高企業的整體管理水準，從根本上提高企業的執行力，增強企業的競爭力。

　　本書《財務部流程規範化管理》介紹企業財務部門的各工作崗位以及每一個工作流程與工作事項，敘述具體的職責、制度、表格、流程和方案，是一本關於財務部規範化管理、工作流程的實務工具書。

2022 年 4 月

《財務部流程規範化管理》〈增訂三版〉

目　錄

第 *1* 章

企業的財務管理重點

　　從總體來說，企業經營可以簡單概括為從「資金」到「更多的資金」的一個過程，即：

現金→資產→現金(增值)

　　但是，簡單的現金是不可能帶來更多的現金的。企業要實現贏利，就必須先將現金轉換為各種各樣的資產，即先進行投資，再通過一個生產經營過程實現資本的增值，這樣得到最後的結果，即實現贏利，得到更多的現金。如圖 1-1-1 所示：

　　我們假設一家企業新成立，投資者和債權人籌得資金，投入企業的初始資產大多數是現金。當我們沒有進行投資的時候，這個現金叫庫存現金；而當現金投入到企業裏面去參加循環時，它就變成了資本，可以表現為固定資產，也可以表現為流動資產。

圖 1-1-1　企業的經營過程

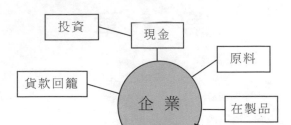

　　以圖為例，可以清楚地說明一個企業經營的全過程。當我們通過投資把現金投入到企業以後，它便參與了企業的一個經營循環。一般來說，企業首先會用投資者和債權人投入的現金去購買原材料、機器設備，聘請生產經營人員和管理人員等。原材料經過加工處理以後就會變成在製品，然後再經過各道生產工序，最後變成產成品。當商品生產出來後，即原材料變為產成品後，並不代表資本的增值就實現了。要實現增值，就必須將產成品投入銷售環節。通過銷售，客戶與企業之間實現了交換，交換得來的現金叫銷售回籠或資金回籠。回籠了現金以後我們才能參加下一次的循環。這就是一次現金變成資產，又變成更多現金的企業經營活動的全過程。

　　從圖 1-1-1 中可以看出，銷售商品的政策如何確定直接影響現金回收率的大小。如果企業銷售商品的行銷策略採用現款發貨，企業的現金回款率會達到 100%；如果企業銷售商品的行銷策略採用欠款銷售，企業的現金回款率就會低於 100%。

　　這個最終回籠的現金一定要大於我們當初投入的現金。企業的利潤並不等於企業回籠的現金。現金的實現要經過從現金至存貨、

應收賬款，再回覆至現金的及時轉換。企業的銷售策略採用欠款銷售時，雖實現了利潤，但現金會停留在應收賬款中。所以，從投入現金到資金回籠，往往需要一個較長的時期，這裏就涉及資金的時間價值問題。

第二節　財務資本運營的基本模式

從企業運作方式來看，可以分為擴張型資本運營和收縮型資本運營。

(1)擴張型資本運營

資本擴張是指透過內部積累，追加投資，吸納外部資源即兼併和收購等方式，將現有的資本結構擴大。

①橫向型資本擴張。

與自己所在企業有共同點的地方，例如產業相同，部門一致，產品相同或相似，從這些地方下手進行產權交易，不僅減少了競爭者的數量，增強了企業的市場支配能力，而且改善了行業的結構，解決了市場有限性與行業整體生產能力不斷擴大的矛盾。

②縱向型資本擴張。

處於生產經營不同階段的企業或者不同行業部門之間，有直接投入產出關係的企業之間的交易，稱為縱向資本擴張。縱向資本擴張將關鍵性的投入產出關係，納入自身控制範圍，透過對原料和銷售管道及對用戶的控制，來提高企業對市場的控制力。

③混合型資本擴張。兩個或兩個以上相互之間沒有直接投入產出關係和技術經濟聯繫的企業之間，所進行的產權交易稱之為混合

資本擴張。混合資本擴張適應了現代企業集團多元化經營戰略的要求，跨越技術經濟聯繫密切的部門之間的交易。它的優點在於分散風險，可提高企業的經營環境適應能力。

(2)收縮型資本運營

資本收縮和資本擴張相反，是指企業把自己擁有的一部份資產、子公司、內部某一部門或分支機構，轉移到公司之外，從而縮小了公司的規模。進行收縮型資本運營，是透過重組來追求企業價值最大化，以及提高企業的運行效率。

它主要是放棄規模小且貢獻小的業務，放棄與公司核心業務沒有協同或很少協同的業務，從而集中精力支持核心業務的發展。收縮性資本運營，是擴張性資本運營的逆操作。

第三節　企業要防範的財務風險

1.經營風險

經營風險是企業在生產經營管理過程中，由於決策失誤或其他不確定性因素等各種原因，所導致的企業面臨收益下降、成本增加等經營損失的相關風險。企業常見的經營風險主要包括四個方面。

⑴企業資本結構不合理，導致資金流間斷，難以支撐生產經營活動的順利進行。

⑵供應市場不穩定，可能導致產品成本的增加，致使企業收益的減少。

⑶企業生產計劃不合理，難以展開有序的生產活動，導致產能不足，造成企業的損失及信譽損失。

⑷市場需求波動較大，難以準確把握產品的市場需要。從而難以制定合理的經營決策，增加了企業收益的不確定性。

2.流動性風險

流動性風險指企業的流動性難以滿足生產經營需求，從而導致企業面臨重大財務困難的風險。企業常見的流動性風險主要包括兩個方面。

⑴企業資產的流動性不足，變現能力差，導致企業當前的現金存量難以滿足正常生產經營活動的需求

⑵企業資產的流動性不足，導致企業難以按期償還全部債務，使企業蒙受信譽損失，甚至面臨破產危機

3.投資風險

投資風險是指投資活動由於受到未來的不確定性因素或其他各種原因的影響，而導致預期的投資效益無法實現，或者令企業蒙受損失的相關風險。企業投資活動的常見風險主要包括九個方面。

⑴企業未充分地調查投資環境，導致投資目標設置不準確。

⑵企業未對投資項目的關鍵點進行深入分析，導致投資目標設置不合理。

⑶企業未對投資目標進行明確闡述，導致目標不具有操作性。

⑷企業未對自身的財務狀況進行全面分析，導致投資決策影響到其他經營活動的正常運轉。

⑸企業未對投資項目的可行性與收益性進行分析，導致投資決策失誤而造成重大損失。

⑹企業未對投資項目進行有效的管理，導致投資項目管理混亂，從而導致投資風險的增加。

⑺企業未建立有效的投資成本控制機制，且未對投資成本進行

有效的監控,導致投資成本的增加。

(8)企業未建立投資收益評價機制,難以及時評價投資收益。

(9)企業的投資收益評價機制存在缺陷,從而導致投資收益評價不準確。

4.籌資風險

籌資是企業重要的資金活動,與企業的生產經營有著直接的聯繫。企業籌資活動的常見風險主要包括五個方面。

(1)籌資決策風險

企業未進行充分的籌資需求風險,導致籌資決策失誤,進而可能造成企業資金不足,冗餘或債務結構不合理。

籌資活動違反國家法律法規的相關規定,可能遭到相關部門處罰,導致經濟損失和信譽損失。

(2)籌資方案設計風險

企業未進行有效的籌資管道開發,導致籌資管道開發不足。

企業未選中有效的籌資方式,導致所籌集的資金不足,難以滿足企業的發展。

(3)籌資過程控制風險

企業對現金流量監控不足,導致企業現金流不足,從而導致經常性的經營危機。

企業籌資記錄錯位或會計處理不正確,導致企業債務和籌資成本債務不真實。

籌資項目未按期完成,導致籌資成本增加。

(4)籌資效果評估風險

企業未建立科學、合理的籌資效果評估機制,導致籌資活動效果未得到有效回饋。

未及時對籌資活動的效果進行評估，導致未能及時評價籌資活動。

(5)負債籌資償還風險

由於負債利息過重，導致企業承受較大的財務壓力，並影響到其他資金活動的正常運轉。

企業未能如期清償負債籌資的本金與利息，導致信譽受援，甚至面臨破產危機。

5. 存貨管理風險

存貨是企業資產的重要組成部份，是企業正常生產的重要支援。存貨管理應確保合理的存貨量水準，並保證管理品質，減少存貨損失。企業的存貨管理主要面臨六項風險。

⑴存貨盤點工作不規範，可能因盤盈、盤虧未能及時得以發現而導致財務信息不準確。

⑵存貨的收入、發出、結存缺乏真實、準確的記錄，導致企業的存貨現狀無法得到有效的評估。

⑶存貨收發業務核算不準確，導致賬實不符。

⑷存貨管理不善，導致貨損損失。

⑸存貨量水準過高，導致存貨佔用過多的流動資金，不利於企業流動資金的周轉。

⑹存貨量水準過低，難以滿足正常的生產需要，可能導致生產中斷，從而帶來嚴重的損失和信譽損失。

第四節　財務危機之禍害

　　韓國第二大公司集團大宇集團 1999 年 11 月 1 日向新聞界宣佈，該集團董事長金宇中以及 14 名下屬公司的總經理決定辭職，以表示「對大宇的債務危機負責，並為推行結構調整創造條件」。韓國媒體認為，這意味著「大宇集團解體進程已經完成」,「大宇集團已經消失」。

　　大宇集團為什麼會倒下？在其轟然坍塌的背後，存在的問題固然是多方面的，但不可否認有財務杠杆的消極作用在作怪。大宇集團在政府政策和銀行信貸的支持下，走上了一條「舉債經營」之路。試圖通過大規模舉債，達到大規模擴張的目的；最後實現「市場佔有率至上」的目標。1997 年亞洲金融危機爆發後，大宇集團已經顯現出經營上的困難，其銷售額和利潤均不能達到預期目的。而與此同時，債權金融機構又開始收回短期貸款、政府也無力再給它更多支持。因此，它繼續大量發行債券，進行「借貸式經營」。正由於經營上的不善，加上資金周轉上的困難。韓國政府於 7 月 26 日下令債權銀行接手對大宇集團進行結構調整，以加快這個負債累累的集團的解散速度。由此可見，大宇集團的舉債經營所產生的財務杠杆效應是消極的。不僅難於提高公司的盈利能力，反而因巨大的償付壓力使公司陷於難於自拔的財務困境。從根本上說，大宇集團的解散，是其財務杠杆消極作用影響的結果。

　　財務杠杆是把雙刃劍。在經營利潤較高的情況下，財務杠杆的利用將會增加股東的財富；反之，在經營利潤較低的情況下，過高

的財務杠杆會侵蝕股東的財富。有人喜歡財務杠杆，因為它具有一本萬利的魔力；有人厭惡它，因為它會把公司推入破產的深淵。

第 **2** 章

財務部的工作制度化

 ## 第一節　財務部門工作職責與職能

一、財務部門工作職責

1.嚴格遵守財務工作規定和公司規章制度，認真履行其工作職責；

2.負責制定公司財務、會計核算管理制度。建立健全公司財務管理、會計核算、稽核審計等有關制度，督促、各項制度的實施和執行；

3.組織編制公司年、季成本、利潤、資金、費用等有關的財務指標計劃。定期檢查、監督、考核計劃的執行情況，結合經營實際，及時調整和控制計劃的實施；

4.負責按規定進行成本核算。定期編制年、季、月種類財務會

計報表，搞好年度會計決算工作；

5. 有權參加各類經營會議，參與公司生產經營決策；

6. 負責編寫財務分析及經濟活動分析報告。會同資訊部、經營部等有關部門，組織經濟行動分析會，總結經驗，找出經營活動中產生的問題，提出改進意見和建議。同時，提出經濟報警和風險控制措施，預測公司經營發展方向；

7. 負責固定資產及專項基金的管理。會同經營、技術、行政、後勤等管理部門。辦理固定資產的購建、轉移、報廢等財務審核手續，正確計提折舊，定期組織盤點，做到賬卡物相符；

8. 負責流動資金的管理。會同行銷、倉庫等部門，定期組織清查盤點，做到賬卡物相符。同時，區別不同部門和經營部門，層層分解資金佔用額，合理地有計劃地調度佔用資金；

9. 負責對公司低值易耗品盤點核對。會同辦公室、資訊、行政、後勤、技術等有關部門做好盤點清查工作，並提出日常採購、領用、保管等工作建議和要求，杜絕浪費；

10. 負責公司產品成本的核算工作。制定規範的成本核算方法，正確分攤成本費用。制定適合公司特點和管理要求的核算方法，逐步推行公司內部二級或三級經濟核算方式，指導各核算單位正確進行成本費用及內部經濟核算工作，力爭做到成本核算標準化、費用控制合理化；

11. 負責公司資金繳、撥，按時上交稅款。辦理現金收支和銀行結算業務。及時登記現金和銀行存款日記賬，保管庫存現金，保管好有關印章、空白收據、空白支票；

12. 負責公司財務審計和會計稽核工作。加強會計監督和審計監督，加強會計檔案的管理工作，根據有關規定，對公司財務收支進

行嚴格監督和檢查；

13. 負責進銷物資貨款把關。對進銷物資預付款要嚴格審核，採購貨款支付除按計劃執行外，還需經分管副總經理或總經理、董事長審核簽字同意，方可支付；

14. 上級交辦的其他工作任務。

二、財務部門工作目標

1. 企業利潤管理的目標

企業進行生產經營活動，要發生一定的生產消耗，並取得一定的生產成果，獲得利潤。企業財務管理必須努力挖掘企業潛力，使企業合理使用人力和物力，以盡可能少的耗費取得盡可能多的經營成果，增加企業盈利，提高企業價值。企業實現的利潤，要合理進行分配，使企業的發展獲得不斷的動力，同時及時減少各種矛盾和利益糾紛。

2. 企業投資管理的目標

企業籌來的資金要儘快用於生產經營，以便取得盈利。任何投資決策都帶有一定的風險性，因此，在投資時必須認真分析影響投資決策的各種因素，科學地進行可行性研究。對於新增的投資項目，一方面要考慮項目建成後給企業帶來的投資報酬；另一方面也要考慮投資項目給企業帶來的風險，以便在風險與報酬之間進行權衡，不斷提高企業價值，實現企業財務管理的整體目標。

3. 企業營運資金管理的目標

企業的營運資金，是為滿足企業日常營業活動的要求而預支的資金，營運資金的週轉，與生產經營週期具有一致性。在一定時期

內資金週轉越快，就越是可以利用相同數量的資金，生產出更多的產品，取得更多的收入，獲得更多的報酬。因此，加速資金週轉，是提高資金利用效果的重要措施。

4.企業籌資管理的目標

任何企業，為了保證生產的正常進行或擴大再生產的需要必須具有一定數量的資金。企業的資金可以從多種管道，用多種方式來籌集。不同來源的資金，其可使用時間的長短，附加條款的限制和資金成本的大小都不相同。這就要求企業在籌資時不僅需要從數量上滿足生產經營的需要，而且要考慮到各種籌資方式給企業帶來的資金成本的高低，財務風險的大小，以便選擇最佳籌資方式，實現財務管理的整體目標。

三、財務部的職能

財務部的工作目標如下：

· 使股東財富最大化。

· 保證企業正常運轉和擴大再生產的資金需要。

· 投放和使用企業資金以獲取投資收益。

· 合理使用資金，加速資金週轉，不斷提高資金利用效果。

· 合理制定利潤的分配比例及分配形式，提高企業的潛在收益能力，由此提高企業的總價值。

財務部的職能如下：

1.認真貫徹執行有關的財務管理制度。

2.建立健全財務管理的各種規章制度，編制財務計劃，加強經營核算管理，反映、分析財務計劃的執行情況，檢查監督財務紀律

執行情況。

3.積極為經營管理服務，促進企業取得較好的效益。

4.厲行節約，合理使用資金。

5.合理分配企業收入，及時完稅。

6.配合有關機構及財政、稅務、銀行部門的財務檢查工作，主動提供有關資料，如實反映情況。

7.完成企業交辦的其他工作。

四、財務機構分置細則

1.適度分離：財務的基本功能是對財務活動進行決策。會計的基本功能是確認、計量和報告會計資訊。

2.區分職能：財務與會計機構分設後，財務的主要職能是籌集資金、編制預算、參與投資決策、參與信用政策、分析與評價財務狀況、分配利潤及定期彙報工作；會計的主要職能是進行日常經濟業務核算、控制預算和執行情況、利用帳面核算資料保護資產、提供管理所需要的各種會計資訊。

3.區別對待：各企業性質及內部管理模式等方面的差別，決定了每個企業財務管理機構也不盡相同。財務與會計機構分設以利於互相監督和制約，及時發現和糾正差錯，充分發揮財務管理作用。

4.保持地位：財務機構是進行分析決策的部門，而會計部門只能單純地反映和控制。

5.制度到位：企業日常財務管理和財務工作是通過落實各項財務制度實現的，嚴密的財務與會計制度不可忽視。

6.注重實效：在具體設置財務管理機構時，應注重實效，尤其

要注意培養、選拔能夠勝任這一工作的人員；同時謹防機構臃腫、效率低下。

五、把握集權與分權的細則

1. 集權與分權的適當結合：投資管理和利潤分配管理應採用集權與分權適當的模式。

2. 強有力的集權：現金管理和預算管理採用強有力的集權模式。

3. 廣泛徹底的分權：母子企業財務的幾種管理並不排斥子企業的獨立核算，而母子企業各自平等獨立的法人地位，為財務管理的分權化提供了依據，子企業在母企業審定的決策範圍內，自主經營、自負盈虧，對自己的生產、銷售、投資、分配等享有法定的經營權。子企業對所生產的產品進行從研究、開發、生產、銷售到售後服務一條龍經營。在訂立合同、業務購銷、資產負債和留存受益的核算上，均體現各個子企業應有的獨立核算地位；同時，制單、審查、記賬和報表均由於企業按財務會計制度和有關規定辦理。

第二節　財務部各崗位職責描述

一、合理設置的財務部門崗位

企業應設置相應的財會部門作為企業的會計機構。企業根據自身規模的大小，可以將財務部與會計部份開設立，也可以合二為一。企業會計機構的主要職責包括組織會計核算、進行會計監督、制定本單位的內部會計制度和會計政策、參與本單位各種計劃的制定和考核、進行會計分析、實施會計控制。

崗位責任制是設置和管理會計機構的主要方式。會計人員崗位責任制，就是在企業內部按照會計工作的內容和需要，將會計機構的工作劃分為若干個崗位，配備會計人員，並為每個崗位規定職責和要求的責任制度。

1. 大中型企業財務機構的崗位設置

就大中型企業而言，會計工作崗位一般可分為：會計機構負責人(通常稱為 CFO)或會計主管、出納、財產物資核算、薪資核算、成本費用核算、財務成果核算、資金核算、往來核算、總賬報表、稽核、檔案管理等。這些崗位可以一人一崗、一人多崗或一崗多人。

需要指出的是，為了加強內部控制，必須執行不相容崗位分離制度，例如出納人員不得兼任會計、會計檔案保管和收人、費用、債權債務賬目的登記工作等。

企業也可以按經濟業務和會計方法相結合的原則進行分工，設置資金核算組、成本核算組、綜合報表組、審核分析組和計劃決策

組等,以發揮會計的職能作用。

　　崗位設置的目的在於,使各崗位目標和責任更加清晰。但同時也需要加強會計崗位之間的分工協調,以便提高會計工作效率,發揮企業的財務管理職能。

2.小企業財務機構的崗位設置

　　對於小企業而言,為降低企業管理成本,可以簡化財務部門,但至少需要設置以下財務崗位:

(1)出納和倉儲保管

　　出納主要負責企業的資金的存取等,倉儲保管負責企業產品或商品的入庫、出庫。因此這一崗位的財務人員是不可或缺的。

(2)會計

　　會計主要負責做賬、記賬和編制報表,以及企業納稅申報等。在企業規模較小時,也可以聘請專業的財務代理公司或代理記賬公司。但企業內部也必須要有嚴格的記錄,否則最後很可能成為一本糊塗賬。

　　如果條件許可,企業應設置主管會計,以加強財務管理工作。中小企業在發展到一定規模後,財務部門的管理工作一定要及時跟上,包括崗位設置與分工可以越來越細,確保財務管理的規範化。

二、財務總監崗位職責描述

　　財務部的財務總監崗位職責描述如下:

　　1.正確審核企業的重要財務報表和報告,並上報總經理與董事會。

　　2.起草並制訂企業的各項財務管理規章制度,並履行監督檢查

義務。

　　3.與總經理共同審批規定限額範圍內的企業經營性、融資性、投資性、固定資產資金支用和匯往境外資金及擔保貸款事項。

　　4.起草並制定企業週期財務預、決算方案。

　　5.起草並制定企業的利潤分配方案或虧損彌補方案。

　　6.起草並制定企業發行股票、債券方案。

　　7.起草並制定公司所屬部門或二級公司的承包方案。

　　8.審查企業各項投資的可行性，並提出報告以供參考。

　　9.每個季向董事會報告企業的資產和經濟效益變化情況。

　　10.制定並提出年度財務計劃，作為企業資金運用的依據。

　　11.提出財務、會計及預算等制度，並負責其施行時有關的協調與聯繫工作，確保發揮各項制度的功能。依據年度財務計劃，籌措與動用企業的資金，以確保資金的有效運用。

　　12.彙編企業年度預算，送呈管理部門審定，並負責控制全企業年度總預算的執行和促使預算在管理上的行之有效。

　　13.按企業年度財務計劃，辦理有關銀行借款及往來事項，提供經營所需要的資金。

　　14.依據員工儲蓄存款辦法，核辦有關員工儲蓄存款事宜。

　　15.依據會計制度規定，定期進行存貨盤點，以確保公司資產的實際存量與賬列數字彼此符合。

　　16.依據稅法規定，處理企業各項稅務事宜，力求正確無誤，避免遭受無謂的損失與罰款。

　　17.依據企業經營計劃，並配合企業總目標擬訂本單位的目標及工作計劃。

　　18.根據本單位工作計劃，估計所需的款項支出，編制本單位年

度預算,並加以控制。

19. 運用有效領導方法,激勵下屬人員的士氣,提高工作效率,並督導下屬人員,依照工作標準或要求有效地執行其工作,確保本單位目標的達成。

20. 將本單位工作按下屬人員的能力進行合理分派,並促進各下屬間工作的聯繫與配合。

三、財務經理崗位職責描述

財務部的財務經理崗位職責描述如下:

1. 在財務總監領導下,負責主持部門的全面工作,組織並督促部門人員全面完成部門職責範圍內的各項工作任務。

2. 貫徹落實部門崗位責任制和工作標準,密切與生產、行銷、計劃等部門的工作聯繫,加強與有關部門的協作配合工作。

3. 負責組織《會計法》及地方政府有關財務工作法律法規的貫徹落實。

4. 負責組織公司財務管理制度、會計成本核算規程、成本管理會計監督及其有關的財務專項管理制度的擬訂、修改、補充和實施。

5. 組織導編制公司財務計劃、審查財務計劃。擬訂資金籌措和使用方案,全面平衡資金,開闢財源,加速資金週轉,提高資金使用效率。

6. 領導部門按上級規定和要求編制財務決算工作。

7. 負責組織公司的成本管理工作。進行成本預測、控制、核算、分析和考核,降低消耗、節約費用,提高贏利水準,確保公司利潤指標的完成。

8. 負責建立和完善公司財務稽核、審計內部控制制度,監督其執行情況。

9. 審查公司經營計劃及各項合約,並認真監督其執行,參與公司技術、經營以及產品開發、基本建設、技術改造和其他項目的經濟效益的審議。

10. 參與審查產品價格、工資、獎金及其涉及財務收支的各種方案。

11. 組織考核、分析公司經營成果,提出可行的建議和措施。

12. 負責財會人員的業務培訓。規劃會計機構、會計專業職務的設置和會計人員的配備,組織會計人員培訓和考核,堅持會計人員依法行使職權。

13. 負責向公司總經理、財務總監彙報財務狀況和經營成果。定期或不定期彙報各項財務收支和盈虧情況,以便及時進行決策。

14. 有權向主管提議下屬人選,並對其工作考核評價。

15. 完成公司交辦的其他工作任務。

四、預算主管崗位職責描述

財務部的預算主管崗位職責描述如下:

1. 起草並建立企業預算管理機制和制度,並履行監督和執行義務。

2. 與企業各部門共同合作,對企業戰略發展方案進行可行性分析,並提出報告以確保企業發展戰略正確並得以實施。

3. 起草並制定企業中、長期財務規劃,以確保企業發展戰略得以實施。

4.編制企業年度預算，建立和維護企業的預算管理系統，以適應企業短期發展目標。

5.以企業的銷售預算、採購預算和費用預算為基本，彙編企業預算草案。

6.負責編制企業的財務預算及財務部門的預算費用。

7.監控並審核控制預算執行情況，形成預算執行報告。

8.在每個財務週期內匯總、綜合分析各部門編制的簡要預算執行差異分析報告。

9.為使企業的預算更準確，定期更新以往預算。

五、預算專員崗位職責描述

財務部的預算專員崗位職責描述如下：

1.在預算主管的領導下進行建立、改進、完善預算管理體系的工作，建立相應的執行、控制機制，起草修改配套的規章制度。

2.在預算主管的領導下進行編制企業全面經營預算工作，並負責預算的跟蹤管理任務。

3.對預算表格進行整理分析，理清資料關係，改進、完善管理制度及表格。

4.定期回饋日常支出。

5.對企業經營狀況和預算執行情況進行分析，按時、按質、按需提供內部管理報表。

6.進行編制年度預算的工作。

7.根據企業實際情況，及時反映預算基礎的變化，根據制度進行預算調整。

六、資金主管崗位職責描述

財務部的資金主管崗位職責描述如下：

1. 起草並編制企業月流動資金計劃方案，並對月資金的使用情況進行分析。

2. 起草並編制企業資金的使用效益分析報告。

3. 研究資金項目的投入情況並作出報告。

4. 起草並編制企業融資計劃方案，並執行企業融資工作。

5. 起草並編制資金籌集計劃方案，並在財務週期內監督籌措資金的使用情況。

6. 起草並編制企業年度資金預算方案，並執行企業年度資金預算控制的工作。

七、投資主管崗位職責描述

財務部的投資主管崗位職責描述如下：

1. 對企業的投資項目進行市場調研、資料收集和可行性分析，並做出經濟形勢分析。

2. 對企業投資項目進行財務預測、風險分析。

3. 參與投資項目的財務管理，監控和分析投資項目的經營管理，並及時提出業務拓展和管理改進的建議。

4. 在財務經理的領導下進行投資項目談判，與合作夥伴、主管部門和潛在客戶保持良好的業務關係。

5. 在對投資項目進行分析後，作出推介性報告、投資調研報告、

可行性研究報告，並擬訂項目實施計劃和行動方案，供企業和潛在客戶參考。

八、投資分析專員崗位職責描述

財務部的投資分析專員崗位職責描述如下：

1. 在投資主管的領導下進行具體投資項目的細化工作，包括設計方案、組織實施，定期彙報工作進度，確保投資項目的順利進行。

2. 在投資主管的領導下對投資項目進行財務調查、財務測算、成本分析。

3 及時向上級彙報對投資項目進行產生重大影響的事件或變動資訊。

4 在上級領導下，收繳投資項目收益。

5. 參加部門的有關管理會議，參與重大業務及管理決策。

6. 管理投資項目檔案。

九、融資主管崗位職責描述

財務部的融資主管崗位職責描述如下：

1. 收集廣泛資訊，對企業所處的資本市場和政策變動情況進行全面評估和分析。

2. 分析企業財務狀況，並對企業的資本負債結構做出評價。

3. 分析企業的資金流動狀況、投資狀況和外匯狀況等，並作出書面報告。

4. 協助企業其他人員對複雜的資本市場進行分析預測。

5.對行業內企業的行為及其發展趨勢進行分析。

十、會計主管崗位職責描述

財務部的會計主管崗位職責描述如下：

1. 根據財務會計法規和行業會計規定，結合企業特點，負責擬訂企業會計核算的有關工作細則和具體規定，報經批准後組織實施。

2. 參與擬訂財務計劃，審核、分析、監督預算和財務計劃的執行情況。

3. 在財務經理領導下，準確、及時地做好賬務和結算工作，正確進行會計核算，填制和審核會計憑證，登記明細賬和總賬，對款項和有價證券的收付，財物的收發、增減和使用，資產基金增減和經費收支進行核算。

4. 正確計算收入、費用、成本，正確計算和處理財務成果，具體負責編制企業月、年度會計報表、年度會計決算及附注說明和利潤分配核算工作。

5. 負責企業固定資產的財務管理，按月正確計提固定資產折舊，定期或不定期地組織清產核資工作。

6. 負責企業稅金的計算、申報和解繳工作，協助有關部門開展財務審計和年檢。

7. 負責會計監督。根據規定的成本、費用開支範圍和標準，審核原始憑證的合法性、合理性和真實性，審核費用發生的審批手續是否符合企業規定。

8. 負責社會集團購買力的審查和報批工作。

9. 及時做好會計憑證、帳冊、報表等財會資料的收集、彙編、

歸檔等會計檔案管理工作。

10. 主動進行財會資訊分析和評價，提供及時、可靠的財務資訊和有關工作建議。

11. 協助財務經理做好部門內務工作，完成財務部部長臨時交辦的其他任務。

十一、成本會計崗位職責描述

財務部的成本會計崗位職責描述如下：

1. 在財務經理的領導下，按照財會法規、企業財會制度和成本管理有關規定，負責擬訂企業各處成本核算實施細則，由上級批准後組織執行。

2. 主動會同有關人員對企業重大項目、產品等進行成本預算、編制項目成本計劃，提供有關的成本資料。

3. 當企業推行全面成本核算管理和內部銀行等制度時，協助有關主管制定總體方案和實施辦法，確定各類成本定額、標準，並協助各部門和下屬企業的推廣培訓。

4. 不斷監督、調查各部門執行成本計劃情況，並就出現問題及時上報。

5. 學習、掌握先進的成本管理和成本核算方法及電腦操作，提出降低成本的控制措施和建議。

6. 做好相關成本資料的整理、歸檔和資料庫建立、查詢、更新工作。

7. 完成財務經理臨時交辦的其他任務。

十二、核算會計崗位職責描述

財務部的核算會計崗位職責描述如下：

1. 在財務經理的領導下，按照企業財會制度和核算管理有關規定，負責企業各種核算和其他業務的記賬工作。

2. 根據會計制度規定，設置科目明細賬和使用對應的賬簿，認真、準確地登錄各類明細賬，要求做到賬目清楚、數字正確、登記及時、賬證相符，發現問題及時更正。

3. 及時瞭解、審核企業原材料、設備、產品的進出情況，並建立明細賬和明細核算，瞭解合同履約情況，催促經辦人員及時辦理結算和出入庫手續，進行應收應付款項的清算。

4. 負責依稅法規定做好印花稅貼花工作及相應的繳納記錄。

5. 負責固定資產的會計明細核算工作，建立固定資產輔助明細賬，及時辦理記賬登記手續。

6. 負責企業的各項債權、債務的清理結算工作。

7. 正確進行會計核算電腦化處理，提高會計核算工作的速度和準確性。

8. 協助主辦會計等做好會計原始憑證、帳冊、報表等會計檔案的整理、歸檔工作，就職責範圍內的問題提出工作建議。

9. 完成財務經理臨時交辦的其他任務。

十三、出納員崗位職責描述

財務部的出納員崗位職責描述如下：

1. 在財務經理的領導下，按照財會法規、企業財會制度的有關規定，認真辦理提取和保管現金，完成收付手續和銀行結算業務。

2. 根據審核無誤的手續，辦理銀行存款、取款和轉賬結算業務；登記銀行存款日記賬；及時根據銀行存款對收單，在月末作出相應調整，做到銀行對帳單相符。

3. 登記現金和銀行日記賬，做到月結日清，保證賬證相符、賬款相符、賬賬相符，發現差錯及時查清更正。

4. 認真審查臨時借支的用途、金額和批准手續，嚴格執行市（縣）內採購領用支票的手續，控制使用限額和報銷期限。

5. 正確編制現金、銀行的記賬憑證，及時傳遞給財務登賬。

6 配合對應收款的清算工作。

7. 嚴格審核報銷單據、發票等原始憑證，按照費用報銷的有關規定，辦理現金收支付業務，做到合法準確、手續完備、單證齊全。

8. 核算人事部提供的薪金發放名冊，按時發放企業員工的工資、獎金。

9. 負責及時、準確解繳各種社會統籌保險、公積金等基金的工作。

10. 負責妥善保管現金、有價證券、有關印章、空白支票和收據，做好有關單據、帳冊、報表等會計資料的整理、歸檔工作。

11. 負責掌管企業財務保險櫃。

12. 完成財務經理臨時交辦的其他工作。

十四、審計員崗位職責描述

財務部的審計員崗位職責描述如下：

1. 在財務經理領導下，按照審計法規、公司財會審計制度的有關規定，負責擬訂公司具體審計實施細則，在上級批准後組織執行。

2. 監督公司各部門及下屬單位對各項財經規章制度的執行。

3. 控制、考核、糾正下屬單位偏離公司整體財務目標計劃的行為。

4. 負責或會同其他部門查處公司內濫用職權、有章不循、違反財務制度、貪污挪用財物、洩密、賄賂等行為和經濟犯罪情況。

5. 協助政府審計部門和會計師事務所對公司的獨立審計活動。

6. 定期或不定期地進行必要的專項審計、項目審計和財務收支審計。

7. 負責或參與對公司重大經營活動、重大項目、重大合同的審計工作。

8. 負責對所有涉及的審計事項，編寫內部審計報告，提出處理意見和建議。

9. 負責做好有關審計資料的原始調查的收集、整理、建檔工作，按規定保守秘密和保護當事人合法權益。

十五、財務分析師崗位職責描述

財務分析師崗位職責描述如下：

1. 對企業財務狀況進行分析，研究行業資訊，對籌、融資策略進行財務分析和財經政策跟蹤。

2. 對企業各項業務和各部門業績進行分析評估，以提供財務建議和決策支持。

3. 對企業財務收益和風險進行預測，並建立企業財務管理政策

和制度。

4.對投資和融資項目進行財務測算、成本分析和敏感性分析，並配合制定投資和融資方案。

5.對企業現金流和各項資金使用情況進行預測並監督。

6.進行撰寫財務分析報告、投資財務調研報告和可行性研究報告的工作。

十六、制單員崗位職責描述

制單員崗位職責描述如下：

1.接收其他業務部門提交的各種原始憑證及相應的附件。

2.審核原始憑證的真實性、合法性、完整性和正確性。

3.編制原始憑證及其附件的記賬憑證。

4 在記賬憑證上加蓋名章和「轉訖章」，負責保管和使用「轉訖章」。

5.登記憑證交接登記簿。

6.對受理的錯賬沖正等重要會計事項，及時報送審批，經審批後方可制單。

十七、薄記員崗位職責描述

薄記員崗位職責描述如下：

1.在上級指導下記錄組織交易，並做好各種會計憑證的保存工作。

2.核實、整理、調整各種應收、應付、工資、費用分類明細賬

目。

3. 準備發票及憑單。

十八、收銀員崗位職責描述

收銀員崗位職責描述如下：

1. 及時向客戶收取現金。

2. 及時登記收銀金額。

3. 每天盤點收款。

🔊 第三節　財務制度設計工作要點

一、財務部制度設計原則

1. 合理性原則：指財務制度本身的實施過程和實施結果，不僅要符合法律、法規，而且要滿足企業財務管理的需要。

2. 目標一致性原則：財務制度設計中，應將公司最高目標、所屬各部門的次高目標和基層單位的具體目標結合起來，同時將企業團隊目標和個人目標結合起來，並使之協調統一。

3. 針對性原則：指財務制度的具體內容，除了應充分體現一般會計規律性的要求外，還必須適應本企業的實際情況和業務特點。

4. 統一性原則：指會計制度設計要與《會計準則》相統一，以保證會計資訊既能滿足需要，又能反映企業經營的實際情況。

5. 穩定性原則：指財務制度設計必須以科學理論為指導，並經

過深入的調查研究、科學的分析論證,其內容符合實際以利於執行。
同時財務制度要有穩定性和連續性,在一般情況下不宜隨便變動。

二、財務部制度的設計工作流程

圖 2-3-1　財務部制度設計工作流程

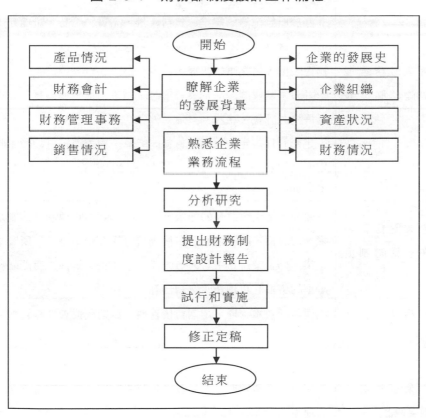

三、財務部制度設計的主要內容

表 2-3-1　財務部制度設計的主要內容

制度設計納要	考察內容
企業財務管理基礎的制度設計	財務管理基礎工作主要內容有以下工作： 1.關於原始記錄的規定。包括產量，品質，工時，設備利用情況，材料消耗，存貨的收發、領退、轉移，以及各項財產物資毀損等完整原始記錄。 2.計量、驗收制度。企業各項財產物資的進出與消耗，要經過嚴格的計量、驗收。 3.定額管理規定。包括原材料、能源等物資消耗定額和工時定額等規定。 4.有關財產清查的規定。
企業財務管理許可權的制度設計	主要內容是企業財務的分級管理。內部財務管理制度的制定權、修訂權、解釋權和財務檢查監督權在企業總部；所屬子企業、分企業財務主管人員的任命權在企業總部；有關財務事項的審批許可權在企業總部等。
企業籌資管理制度設計	主要包括資本管理、短期負債管理、長期負債管理等管理辦法
制度設計納要	考察內容
企業資產管理制度設計	包括流動資產管理、無形及遞延資產管理、其他資產管理等管理辦法
企業對外投資管理制度設計	主要包括長期投資管理、短期投資管理等管理辦法

續表

制度設計納要	考察內容
企業成本管理制度設計	主要包括生產成本管理、各項期間費用等管理辦法
企業銷售收、稅金和利潤管理制度設計	主要包括銷售收入管理、其他業務收支管理、營業外收支管理、稅金管理、稅後利潤分配管理等管理辦法
企業外匯業務管理制度設計	主要包括外匯結算管理、外匯現匯管理等管理辦法
企業資產管理制度設計	主要包括管理體制、管理目標、基礎管理、資產經營、資產收益、資產處理等管理辦法
企業產品價格管理制度設計	主要包括指令性產品價格管理、主要產品工藝協作價格管理、國際轉移價格的管理、新產品價格管理等管理辦法
企業集團控制及合併集團會計報告制度設計	主要包括合併集團會計報告定義、投資者與被投資者的關係、母企業和子企業的定義、合併集團會計報告的目的、母企業對子企業控制的途徑的規定（包括子企業必須提供的資訊，即每月資產負債表、每月損益表、每月現金流量表、應收賬款賬齡分類、存貨按期分類和子企業的每月財務分析等）、子企業的預算和現金控制

第四節　財務管理制度設計流程

一、財務管理制度設計工作流程圖

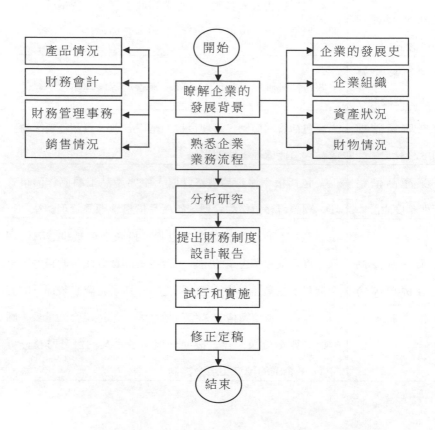

二、會計管理制度設計工作流程圖

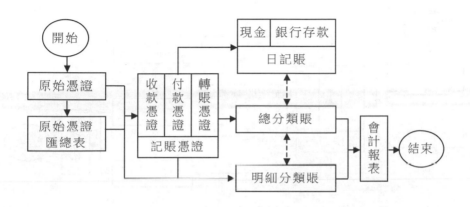

三、科目匯總表核算組織流程圖

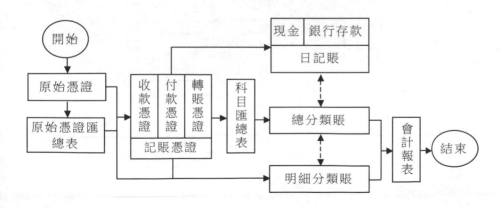

四、匯總記賬憑證核算組織流程圖

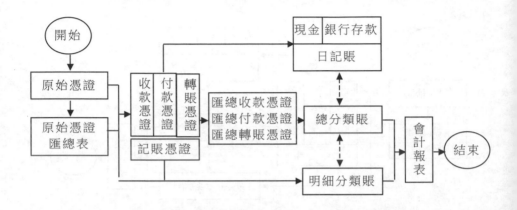

五、匯總記賬憑證賬務處理流程圖

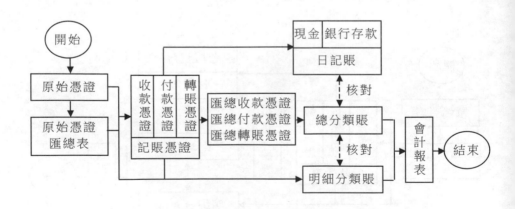

六、日記總賬賬務處理流程圖

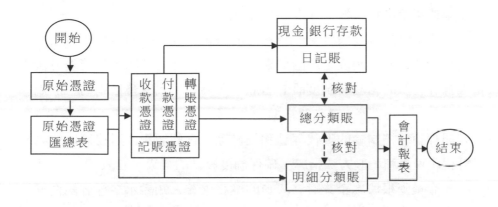

第五節　財務制度設計工作事項細化執行

一、企業財務制度設計的三種方式

　　無論是大企業，還是小企業，都需要建立財務制度。對於大企業而言，可直接採用中國財政部 2006 年頒發的《企業財務通則》作為企業財務規範，分別建立財務決策制度、財務決策廻避制度、財務風險管理制度以及財務預算管理制度，構建完整的企業財務管理體制。

　　一個良好的企業財務管理體制應對企業資金籌集、資產營運、成本控制、收益分配、重組清算、信息管理、財務監督等方面進行全面的規範，使企業相關財務行為制度化、程序化。

對於企業而言，必須建立內部稽核制度和內部牽制制度、財務審批權限和簽字制度、成本核算和財務會計的分析制度等，在此基礎上，企業可以建立風險防範制度、內部審計與監督制度等，確保企業的資產得到保護、財務管理目標得以實現。

企業財務制度設計是一項複雜的系統工程，一個合理、有效、實用的企業財務制度是理論與實踐活動相結合的產物，是管理方法與操作經驗的結晶，制度設計者除了要嫻熟現代財務活動的一般規律、程序、方法外，還必須掌握社會哲學、政治經濟學以及系統論、資訊理論和控制論的現代理論和技術等，它們能夠為財務制度的設計提供理論和一般方法指導，確保制度設計的科學、有效。

企業應根據本企業財務人員的業務素質、知識水準等客觀情況決定選擇恰當的制度設計方式。一般而言，企業財務制度的設計方式主要有自行設計、委託設計和聯合設計三種。

1. 自行設計

自行設計是指由企業自己的財務人員組織和獨立進行的制度設計。這種方式的優點是：設計人員瞭解企業的基本情況和業務流程；掌握企業的管理需要；便於上下左右部門和人員的溝通；節省制度設計費用。缺點是：內部設計人員往往囿於成說，創新不足，保守有餘，難以在制度創新上取得突破；如果同時設計全部財務制度，則時間上不能保證；假若設計人員的學識水準達不到要求，則很難保證財務制度的設計品質，最終導致制度成本提高。自行設計方式適用於企業單項財務制度的設計或本企業擁有高水準制度設計團隊的情況。

2. 委託設計

委託設計是指企業委託、聘請社會上的財務諮詢服務機構或其

他財務專家為企業設計財務制度。這種方式的優點是：設計人員一般為理論水準、技術水準較高的專家，知識面寬、創新意識強、無後顧之憂，且瞭解目內外業內情況，可以設計出水準較高的財務制度，有利於企業財務管理水準的提高。缺點是：外部設計人員需要花費較長的調研時間瞭解企業的基本情況、業務流程和管理需要；設計成本較高；如果設計人員實踐經驗不足，就會造成重形式、輕內容的設計風格，使設計的財務制度缺乏實用價值。委託設計方式適用於企業全面財務制度體系設計或本企業缺乏高水準制度設計團隊的情況，特別是新建企業、改制企業和發展較快的企業更適合委託設計方式。

3. 聯合設計

聯合設計是指以企業的財務人員為基礎，同時聘請有關專家進行指導，共同設計企業財務制度。這種方式綜合了自行設計和委託設計的優點，有效規避了兩者的缺點，使企業的設計人員和外部設計人員相互配合、取長補短、相得益彰，設計的財務制度往往比較科學和實用。特別是企業財務人員透過和制度設計專家一起工作，可以有效提升自身業務技術素質，提高企業的財務管理水準。聯合設計方式適用於各類企業、各種情況下的企業財務制度設計。

二、企業財務制度設計的流程

企業財務制度設計無論採用何種設計方式，應按以下流程進行設計：

1. 提出項目，確定設計人員

當企業原有財務制度不能滿足需要或新建企業需要建立健全財

務制度時，則需要進行補充修訂原有財務制度或設計新的財務制度。財務制度設計項目通常是由企業財務部門提出。財務制度設計的種類分全面設計、局部設計、單項設計和修訂設計四種，不同的設計項目具有不同的設計要求。在提出財務制度設計項目時應做到如下三點：

一是制度設計的目標要明確、具體；

二是制度設計的內容、範圍、涉及的部門和人員要確定；

三是制度設計項目的提出要切合企業實際，滿足管理需要。

對於自行設計的單項制度或小型制度設計項目，應列入財務工作計劃，經有關領導批准後立項；對於自行設計的大型制度設計項目，應專題編寫項目設計報告，並進行分析論證，經有關領導批准後立項；對於委託設計或聯合設計的制度設計項目，還應認真考察設計機構和設計人員的資質，擇優確定制度設計機構和設計人員，一旦達成意向後，企業應與被委託機構或設計人員簽署委託合約書，明確雙方的權利和義務。

2.訪談查閱，瞭解企業情況

設計人員接受制度設計項目後，應根據項目設計的目標、範圍及內容，從總體上瞭解、把握與該企業財務制度有關的各種情況。主要包括：

⑴企業的性質、設立發展過程與發展前景；

⑵企業所處行業的發展情況及本企業在行業中的地位；

⑶企業的經營規模、產品特點與市場情況；

⑷企業的組織結構、管理模式及分支機構情況；

⑸企業的資產狀況、財務狀況和盈利水準；

⑹企業財務機構設置及財務人員現狀；

⑺企業主要負責人及財務負責人的管理思想與管理理念；

⑻其他涉及項目設計的事項。

上述情況的瞭解途徑主要有三個：一是聽取企業管理當局的情況介紹；二是查閱企業內外的有關資訊資料；三是對企業負責人、財務及相關部門負責人進行訪談。

3. 調查瞭解，熟悉業務流程

設計人員應對企業的各種業務活動，包括資金收付、物資採購、產品生產、存貨保管、產品銷售、資產管理、對外投資、審批程序和審批許可權等業務情況進行全面調查瞭解，熟悉企業生產經營活動的所有業務流程，以便為財務制度設計打下堅實的基礎。熟悉業務流程的方法主要有三個：

一是聽取企業有關業務人員的介紹；

二是查閱企業有關業務流程的資料；

三是到各部門及生產第一線查看、詢問、核實有關業務流程。

4. 分析研究，設計制度綱要

設計人員要將透過訪談、查閱、詢問等途徑收集到的各種資料進行歸類匯總；要對企業的生產經營特點、業務流程、審批程序和管理要求進行深入分析和研究，確定它們之間的相互關係；要歸納總結企業業務流程及管理上的特點、優點和弱點；要確認企業現有的管理方法和管理程序哪些可以繼續沿用，哪些需要完善改進。同時，對在分析研究中發現的相互矛盾、互不銜接的資料、資訊要作進一步的核實與澄清。

在設計人員瞭解掌握與設計有關的業務活動全貌，發現問題、心中有數的基礎上，形成財務制度的總體設計思路和制度綱要。制度綱要是對所設計的財務制度進行的全面規劃，要明確財務制度設

計的性質、目標和範圍,並確定各個分項設計的內容及要求等。

5.分工負責,實施分項設計

分項設計是設計人員按照各自的設計分工,圍繞制度綱要提出的分項設計範圍、內容、原則、方法及要求,在詳細調查掌握與分項設計有關的具體情況的基礎上,採用圖示、表格及文字等形式對企業有關財務活動制定出具體規範。

分項設計初稿完成後,要由總設計負責人進行修改、總結,以保證所設計制度的規範性、系統性和總體風格的一致性。

6.制度講解,徵求修改意見

財務制度設計初稿完成後,要透過以下三種方式徵求修改意見:

一是召集與制度運行有關的人員參加專題制度講解會,由制度設計人用演示文稿的方式詳細講解制度的設計思想和具體規定,並現場解答參會人員的質詢和疑問;

二是將制度設計初稿複製若干份,分別交給企業有關領導和部門負責人,請他們審閱並提出書面修改意見;

三是召開專門會議,徵求有關部門和人員對制度設計初稿的修改意見。

設計人員要根據收集到的修改意見,對制度設計初稿進行系統修改。值得注意的是:收集到的修改意見不一定完全採納,由於徵求的修改意見是由不同部門、站在不同角度提出的,這些意見往往反映了不同部門的權益,有的帶有明顯的部門傾向性、片面性和某種目的性。因此,制度設計人員將徵求到的修改意見必須進行歸類匯總,經過去偽存真、去粗取精、全面平衡、綜合考慮的過程,對制度初稿進行全面修改、完善。對於未採納的修改意見,要向有關人員作出合理的解釋,以便制度順利實施。

7.充分討論，批准制度實施

制度設計初稿經過修改完善後，要按制度審批許可權進行討論審批。制度審批的一般原則是：涉及總體的制度和利益分配的制度，由公司董事會審批；涉及業務流程的制度，由公司經理團隊審批；屬於財務部門的內部制度，由財務負責人審批。

8.編制工作計劃

企業財務制度綱要設計時需要編制設計工作計劃，對整個設計工作的人員分工、時間進度等事項作出安排。設計工作計劃的格式如表 2-5-1 所示。

表 2-5-1　企業財務制度設計工作計劃表

序號	設計項目	設計人	計劃開始時間			計劃完成時間			實際完成時間			備註
			年	月	日	年	月	日	年	月	日	
1	初步調查											
2	綱要設計											
3	財務政策設計											
4	基本財務制度設計											
4	財務管理體制設計											
5	財務崗位責任制設計											
6	貨幣資金管理設計											
7	存貨管理制度設計											
…	……											
60	項目鑑定驗收											

項目負責人：　　　　　　　　製表人：

9.貫徹執行，不斷完善修訂

經過法定程序獲得批准的財務制度，應按制度規定的生效日期進行實施。對於內容比較複雜、關係比較重大的財務制度，應由企業財務負責人召開會議進行宣傳落實，以確保制度的貫徹執行。經過一段時間的運行後，應對制度的運行情況進行調查、回饋，以確定制度是否適用和有效。對於制度實施過程中存在的問題要及時分析，查找原因，研究對策。

對於由於制度理解偏差而造成的問題，應透過解釋糾正；對於由於執行偏差而造成的問題，應透過檢查糾正；對於由於制度本身缺陷而造成的問題，應透過必要的修訂予以糾正。

三、財務管理制度的設計內容

表 2-5-2　財務管理制度的設計內容

財務管理制度設計內容	內容描述
企業財務管理的目標和基礎工作規定	企業財務管理的目標是分層次的。其總目標是良好的效益和社會效益，即企業價值的最大化；所屬子企業是利潤最大化；基層工廠是成本最低。 財務管理基礎工作主要內容有以下四項。 　1.關於原始記錄的規定。包括產量，品質，工時，設備利用情況，材料消耗，存貨的收發、領退、轉移，以及各項財產物資毀損等的完整原始記錄。 　2.計量、驗收制度。企業各項財產物資的進出與消耗，要經過嚴格的計量、驗收。 　3.定額管理規定。包括原材料、能源等物資消耗定額和工時定額等規定。 　4.有關財產清查的規定

續表

企業財務管理許可權的規定	主要內容是企業財務的分級管理。內部財務管理制度的制定權、修訂權、解釋權和財務檢查監督權在企業總部;所屬子企業、分企業財務主管人員的任命權在企業總部;有關財務事項的審批許可權在企業總部等
財務管理制度設計內容	內容描述
企業籌資管理辦法	主要包括資本管理、短期負債管理、長期負債管理等管理辦法
企業資產管理辦法	包括流動資產管理、固定資產管理、無形及遞延資產管理、其他資產管理等管理辦法
企業對外投資管理辦法	主要包括長期投資管理、短期投資管理等管理辦法
企業成本管理辦法	主要包括生產成本管理、各項期間費用等管理辦法
企業銷售收入·稅金和利潤管理辦法	主要包括銷售收入管理、其他業務收支管理、營業外收支管理、稅金管理、稅後利潤分配管理等管理辦法
企業外匯業務管理辦法	主要包括外匯結算管理、外匯風險管理等管理辦法
企業產品價格管理辦法	主要包括指令性產品價格管理、主要產品技術協作價格管理、國際轉移價格的管理、新產品價格管理等管理辦法
企業資產管理辦法	主要包括管理體制、管理目標、基礎管理、資產經營、資產收益、資產處理等管理辦法
企業集團控制及合併集團會計報告的規定	主要包括合併集團會計報告定義、投資者與被投資者的關係、母企業和子企業的定義、合併集團會計報告的目的、母企業對子企業控制的途徑的規定(包括子企業必須提供的資訊,即每月資產負債表、每月損益表、每月現金流量表、應收賬款賬齡分類、存貨按期分類、該子企業的每月財務分析等)、子企業的預算和現金控制

四、制度設計之前的財務管理調查表

表 2-3-2　財務管理調查表

區分	調查項目	主要檢討事項	記事
會計組織	1. 規格	會計組織與經營規模是否配合	
	2. 結算體系	分類賬及輔助對總結算的關係	
	3. 賬簿	輔助賬簿與總控制賬的關係	
	4. 傳票	會計單位與其他單位的聯絡狀態	
處理手續	1. 速度	結算的迅速程度	
	2. 傳票的流動	開發、檢證、出納等記賬程序及手續如何傳票的流通及內部牽制是否確立	
	3. 賬簿的樣工	會計部門的賬簿傳票與其他部門的類似及重覆情形 傳票樣式的改善與簡化 傳票類的樣式的標準化	
	1. 餘額	應付賬款與應收賬款的差額	
		票據的利用方法是否適當	
	2. 存貨資產	評價存貨的方法是否適當	
		賬目上的存量與實際存量的差異如何處理	
		存貨是否過多	
	3. 固定資產	賬簿記錄情形	
		帳面價格與實際價格的差額	
		資本支出與費用支出的區分是否適當	
	4. 準備金	壞賬、價格變動、退職金等準備是否提存	
	5. 其他	火災保險等的處理是否適當	

五、財務管理制度設計工作範本

第1章 總則

第 1 條：為加強企業財務工作管理，發揮財務在企業經營管理和提高效益中的作用，特制定本規定。

第 2 條：本規定適用於企業、部門和員工在辦理財會事務中所遇到的所有情況。

第2章 財務工作管理

第 3 條：會計年度自 1 月 1 日起至 12 月 31 日止。

第 4 條：會計憑證、會計賬簿、會計報表和其他會計資料必須真實、準確、完整，並符合會計制度的規定。

第 5 條：財務工作人員在辦理會計事項時必須填制或取得原始憑證，並根據審核的原始憑證編制記賬憑證。會計、出納員記賬，都必須在記賬憑證上簽字。

第 6 條：財務工作人員應當會同總經理辦公室專人定期進行財務清查，保證賬簿記錄與實物、款項相符。

第 7 條：財務工作人員應根據賬簿記錄編制會計報表上報總經理，並報送有關部門。會計報表每月由會計編制並上報一次。會計報表須經會計簽名或蓋章。

第 8 條：財務工作人員對本企業實行會計監督。

第 9 條：財務工作人員對不真實、不合法的原始憑證，不予受理；對記載不準確、不完整的原始憑證，予以退回，要求更正、補充。

第 10 條：財務工作人員發現賬簿記錄與實物、款項不符時，應

及時書面報告財務經理，並請求查明原因，做出處理。

第 11 條：財務工作應當建立內部稽核制度，並做好內部審計。

第 12 條：出納人員不得兼管稽核、會計檔案保管，以及收入、費用、債權和債務賬目的登記工作。

第 13 條：財務審計每季進行一次。審計人員根據審計事項進行審計，並做出審計報告，報送總經理。

第 14 條：財務工作人員工作調動或者離職，必須與接管人員辦清交接手續。

第 15 條：財務工作人員辦理交接手續，由總經理辦公室主任監交。

第 3 章　支票管理

第 16 條：支票由出納員或總經理指定專人保管。領用支票時須有總經理批准簽字的《支票領用單》。出納員或指定專人應將支票按批准金額封頭，加蓋印章，填寫日期、用途，並登記號碼。支票領用人要在支票領用簿上簽字備查。

第 17 條：支票領用人在付款後憑支票存根、發票及本人簽字、會計核對（購置物品由保管員簽字）、總經理審批、金額填寫無誤的單據交出納人員消賬。出納員統一編制憑證號，按規定登記銀行帳號，原支票領用人在《支票領用單》及登記簿上註銷。

第 18 條：企業財務人員支付（包括公私借用）每一筆款項，無論金額大小均須總經理簽字。總經理外出時應由財務人員設法通知，同意後可先付款、後補簽。

第 4 章　現金管理

第 19 條：企業可以在下列範圍內使用現金。

1. 職員工資、津貼、獎金。

2.個人勞務報酬。

3.出差人員必須攜帶的差旅費。

4.結算起點以下的零星支出。

5.總經理批准的其他開支。

第 20 條：除第十九條外，財務人員支付個人款項，超過使用現金限額的部份，應當以支票支付；確需全額支付現金的，經會計審核、總經理批准後支付現金。

第 21 條：企業採購固定資產、辦公用品、勞保用品、福利用品及其他工作用品時必須採取轉賬結算方式，不得使用現金。

第 22 條：日常零星開支所需庫存現金限額為 2000 元，超額部份應存入銀行。

第 23 條：財務人員支付現金，可以從庫存現金限額中支付或從銀行存款中提取，不得從現金收入中直接支付（即坐支）。因特殊情況確需坐支的，應事先報經總經理批准。

第 24 條：財務人員從銀行提取現金，應當填寫《現金領用單》，並寫明用途和金額，由總經理批准後提取。

第 25 條：企業職員因工作需要借用現金的，須填寫《借款單》，經會計審核，交總經理批准簽字後方可借用，超過還款期限即轉應收款，在當月工資中扣還。

第 26 條：符合本規定第十九條的，憑發票、差旅費單及企業認可的有效報銷或領款憑證，經手人簽字，會計審核，總經理批准後由出納支付現金。

第 27 條：發票及報銷單經總經理批准、會計審核、經手人簽字，核對金額數量無誤後，由財務人員填制《記賬憑證》。

第 28 條：工資由財務人員依據總經理辦公室及各部門每月提供

的核發工資資料代理編制《員工工資表》，交總經理簽字。財務人員應按時提款，按時發放工資，並填制記賬憑證，進行賬務處理。

第 29 條：差旅費及各種補助單（包括領款單）由部門經理簽字，會計審核時間、天數無誤並報送總經理簽字，填制《記賬憑證》，然後交出納員付款，辦理會計核算手續。

第 30 條：出納人員應當建立、健全現金賬目，逐筆記載現金支付。賬目應當日清月結，每日結算，使賬款相符。

第 5 章　會計檔案管理

第 31 條：凡是本企業的會計憑證、會計賬簿、會計報表、會計文件和其他有保存價值的資料，均應歸檔。

第 32 條：會計憑證應按月、按序號每月裝訂成冊，標明起止時間（年度、季、月份及日期）、序號數、單據張數，由會計及有關人員簽名蓋章（包括制單、審核、記賬、主管），由總經理指定專人歸檔保存。歸檔前應加以裝訂。

第 33 條：會計報表應分月/季/年報，並按時歸檔，由總經理指定專人保管，並分類填制目錄。

第 34 條：會計檔案不得攜帶外出，凡查閱、複製、摘錄會計檔案，須經總經理批准。

第 6 章　處罰辦法

第 35 條：出現下列情況之一的，對財務人員予以警告處分，並扣發當事人當月月薪。

1.超出規定範圍、限額使用現金的，或超出核定的庫存現金金額留存現金的。

2.用不符合財務會計制度規定的憑證頂替銀行存款或庫存現金的。

3.未經批准，擅自挪用或借用他人資金（包括現金）或支付款項的。

4.利用帳戶替其他單位和個人套取現金的。

5.未經批准坐支，或未按批准的坐支範圍和限額坐支現金的。

6.保留賬外款項，或將企業款項以財務人員個人儲蓄方式存入銀行的。

第 36 條：出現下列情況之一的，應解聘財務人員。

1.違反財務制度，造成財務工作嚴重混亂的。

2.拒絕提供或提供虛假的會計憑證、賬表、文件資料的。

3.偽造、變造、謊報、毀滅或隱匿會計憑證、會計賬簿的。

4.利用職務便利，非法佔有、虛報冒領或騙取企業財物的。

5.弄虛作假、營私舞弊、非法謀私、洩露秘密及貪污挪用企業款項的。

6.在工作範圍內發生嚴重失誤，或者由於怠忽職守致使企業利益遭受損失的。

7.有其他瀆職行為和嚴重錯誤，應當予以辭退的。

六、財務部日常工作管理規則

第 1 條：財務人員在填制會計賬簿、會計憑證、會計報表和其他會計資料時必須做到真實、準確、完整，並且符合會計制度的相關規定。

第 2 條：財務人員在辦理會計事項時必須填制或取得原始憑證，並根據審核的原始憑證編制記賬憑證。

第 3 條：財務人員應當會同專人定期進行財務清查，保證賬物、

賬款相符。

第 4 條：財務人員應根據賬簿記錄編制會計報表報總經理，並送相關部門。

第 5 條：會計報表每月由會計編制並上報一次。會計報表須會計簽名或蓋章。

第 6 條：財務人員在日常工作中對不真實、不合法的原始憑證，堅決不予受理。

第 7 條：財務人員在日常工作中對記載不準確、不完整的原始憑證不應受理並予以退回。要求更正或補充。

第 8 條：財務人員在日常工作當中如發現賬簿記錄與實物或款項不能達成一致時，應及時向上級主管提出書面報告。

第 9 條：出納人員不得兼管稽核、會計檔案保管和收入、費用、債權、債務賬目的登記工作。

第 10 條：每季進行一次財務審計。審計人員根據審計事項實行審計，並做出審計報告，報送總經理。

第 11 條：財務工作人員調動工作或者離職，必須與接管人員辦清交接手續。財務工作人員辦理交接手續，由總經理辦公室主任、主管副總經理監督。

七、出納崗工作流程

（一）現金收付流程

1.收現

根據會計崗開具的（收據）收款→檢查收據開具的金額正確、大小寫一致、有經手人簽名→在收據（發票）上簽字並加蓋財務結

算章→將收據第②聯（或發票聯）給交款人→憑記賬聯登記現金流水賬→登記票據傳遞登記本→將記賬聯連同票據登記本傳相應崗位簽收制證。

2.付現

⑴費用報銷

審核各會計崗傳來的現金付款憑證金額與原始憑證一致→檢查並督促領款人簽名→據記賬憑證金額付款→在原始憑證上加蓋「現金付訖」圖章→登記現金流水賬→將記賬憑證及時傳主管崗復核。

⑵人工費、福利費發放

憑人力資源部開具的支出證明單付款→在支出證明單上加蓋「現金付訖」圖章→登記現金流水賬→登記票據傳遞登記本→將支出證明單連同票據傳遞登記本傳工資福利崗簽收制證。

3.現金存取及保管

每天上午按用款計劃開具現金支票（或憑銀行存摺）提取現金→安全妥善保管現金、準確支付現金→及時盤點現金→下午 3：30 視庫存現金餘額送存銀行。

4.管理現金日記賬

做到日清月結，並及時與微機賬核對餘額。

（二）銀行存款收付流程

1.銀收

⑴收貨款整理

銷售會計傳來支票、匯票→核查和補填進帳單→上午上班時交主管崗背書→送交司機進賬及取回單→整理從銀行拿回的回款單據→將第一聯與回執粘貼在一起→在微機中編制回款登記表並共用→

列印→將回款登記表同回款單傳銷售會計。

(2)**其他項目收款**

收到除貨款以外項目的支票、匯票→填寫進帳單→進賬→回單→登記票據傳遞登記本→相關崗位。

(3)**貸款**

收到銀行貸款上賬回單→登記票據傳遞登記本→傳管理費用崗位。

2.銀付

(1)**日常性業務款項**

根據付款審批單（計劃內費用經相關崗位審核，計劃內 10 萬元以上或計劃外費用經財務部長或財務總監審核）審核調節表中無該部門前期未報賬款項→開具支票（匯票、電匯）→登記支票使用登記簿→將支票、匯票存根粘貼到付款審批單上（無存根的註明支票號及銀行名稱）→加蓋「轉賬」圖章→登記單據傳遞登記本→傳相關崗位制證。

(2)**打卡工資**

根據工資崗位開具的付款審批單（經財務部長簽字）開具支票→填寫進帳單→連同工資盤交司機送開戶行→登記支票使用登記本→將支票存根粘貼到付款審批單上→加蓋「轉賬」圖章→登記單據傳遞登記本→工資福利崗。

(3)**業務員兌現**

憑銷售會計傳來的付款審批單（經財務部長簽字）開具支票→填寫進帳單→交司機送銀行進賬→登記支票使用登記本→將支票存根粘貼到付款審批單上→加蓋「轉賬」圖章→登記單據傳遞登記本→工資福利崗。

⑷還貸及銀行結算

收到銀行貸款還款憑證及手續費結算憑證→登記單據傳遞登記本→傳管理費用崗。

⑸交稅

完稅。收到稅務崗位傳來的稅票（附付款審批單）→填寫劃款行銀行帳號及進單→交司機送銀行進賬→憑回單及支票存根登記支票使用登記本→傳稅務崗位編制憑證。

進稅卡。憑稅務崗填寫的付款審批→開具支票→填寫進帳單→交司機送銀行進賬→憑回單及支票存根登記支票使用登記本→傳稅務崗位編制憑證。

稅卡交稅。收到稅務崗傳來的完稅票和稅卡劃款憑條→登記支票使用登記本→傳稅務崗位編制憑證。

⑹及時將各銀行對帳單交內審崗編制銀行調節表，對調節表上掛賬及時進行清理和查詢，責成相關崗位進行下賬處理。

3.根據銀行收付情況統計各銀行資金餘額，隨時掌握各銀行存款餘額，避免空頭。

4.熟練掌握公司各銀行戶頭（單位名稱、開戶銀行名稱、銀行帳號）。

八、會計工作規定細則

第 1 條：為加強會計工作管理，規範財務行為，是保證資金安全和會計核算真實準確的基礎。根據管理工作要求，現對有關會計工作做如下規定：

第 2 條：會計人員和會計崗位

1.應當指定會計主管人員並配備必要的會計人員。應按效率和相互制約、相互監督的控制原則，科學合理地設置會計崗位，即總賬會計不得同時記載分戶賬或明細賬，保管空白銀行支票的只允許固定的保管 1 枚財務印章。

2.會計人員應當具備必要的專業知識和業務素質，認真執行財經紀律和有關制度，有權對資金使用、財產管理、財務收支等實行會計監督，有權拒絕辦理違規業務，並向上級報告。

第 3 條：會計核算基本要求

1.會計科目、會計憑證、會計賬簿的設置和使用，必須按統一規定執行。

2.電腦賬務核算系統應具有不同級別的保密設置、監督功能和故障應急處理及資料恢復措施。電腦系統賬務資訊備份每月不得少於 2 次；未經批准，操作人員不得更改賬務資料和資訊。

3.月終了所有賬務都要進行核對。銀行日記賬、明細賬要與總賬進行核對。銀行存款日記賬與銀行對帳單逐筆核對，並編制未達賬項調節表。往來賬要及時清理，做到賬賬相符、賬證相符、賬表相符、賬實相符。會計核算制度要求的總賬、明細賬與會計報表各項目之間的勾稽關係必須平衡；經辦人員和會計主管在賬務核對全部相符後，應在有關賬簿上簽章。

4.錯賬沖正應經會計主管或其授權人審批後辦理。

第 4 條：財務印章管理

財務印章應指定專人分別保管和使用，不得由 1 人保管，不得輪流交叉保管。必須嚴格執行管理制度，設立保管登記簿，嚴密領用交接手續。嚴禁超範圍使用會記印章，嚴禁在空白支票、空白憑證、賬表上預先留蓋印章。

第 5 條：收入、支出管理

各項收入、支出應當及時、準確、完整入賬，不得截留、挪用或設立小金庫，不得經營賬外賬。

第 6 條：有價單證、空白支票和收據

實行「專人管理，入櫃保管」辦法，即國債券、定期存單、匯票等有固定面值的有價單證、未使用的銀行支票、收據必須指定專人管理，工作結束後應當存入保險櫃。有條件的可以將有價單證存入銀行的保管箱。

第 7 條：會計檔案管理

1.會計檔案包括會計憑證、會計賬簿、會計報告和其他應當保存的會計資料。會計檔案可採用紙介質、磁介質、光碟等介質保存。檔案保管地應具備防盜、防潮、防塵、防有害生物、防電磁干擾等條件，保證完整無缺。條件具備時應當存放異地保管。

2.會計人員在工作中應當嚴守紀律，保守財會秘密，對外提供的會計資訊，必須經財務部經理審核批准。

第 8 條：會計報告管理

1.會計報告是會計核算工作的數字總結，是考核計劃、分析業務活動的重要依據。會計報告必須認真復核，按時編報，做到真實，完整，及時，準確。部門負責人應在會計報告上簽章。對會計報告的真實性、完整性負責。

2.根據工作需要增加的其他報表按規定填報。

第 9 條：會計工作交接

1.會計人員調動或者因故離職，必須將本人所經管的會計工作全部移交接替人員。沒有辦清交接手續的，不得辦理調動或離職。

2.辦理移交時，移交人必須將未完成的賬務處理完畢，整理應

該移交的各項資料，對未了事項寫出書面材料，並登記會計工作交接登記簿。登記簿由會計主管保管。

3.一般會計人員工作交接，由會計主管監交。會計主管工作交接，由財務部經理監交。

4.會計人員臨時離職或者因故不能工作，會計主管必須指定有關人員接替或者代理，並辦理書面交接手續。

第 10 條：固定資產管理

1.固定資產應當按規定進行管理

2.購建的固定資產，必須建立固定資產明細賬和固定資產卡片。卡片正本作為管理實物的依據，副本交由使用部門保管。應當定期對固定資產進行盤點，做到賬賬相符、賬卡相符、卡實相符。

第 11 條：本規定由財務部制定，經總經理辦公會議審核，總經理審批後執行，修改亦同。

第 **3** 章

財務部的預算管理

第一節　財務預算與計劃管理工作

一、財務預算與計劃工作內容

　　財務預算是分析企業所面臨的投資和籌資方案、預測目前決策所可能產生的影響、作出方案的選擇和對照財務計劃所設定的目標衡量實施情況的一個有機規劃過程。因此，企業財務計劃是一種系統地規劃未來和預測可能出現問題並提供相應對策的方法。

　　財務預算可分為短期財務計劃和長期財務計劃。短期計劃的計劃期限在 1 年以內，而長期計劃則有超過 1 年的較長計劃期限。財務計劃的作用有以下五點：

　　1. 揭示決策方案的內在聯繫，有利於建立企業的總體發展思路。

　　2. 判斷目標的可行性和內部協調性。

3.有利於預測可能出現的問題並制定相應的對策。

4.完善對實施狀況的考核標準。

5.凝聚力的增強作用。

二、財務計劃的編制方式

財務計劃能通過自下而上和自上而下兩種方式來編制。

自下而上方式是指從基層的生產和銷售班組開始形成計劃的設想，然後通過企業層層不斷地增加；修改或刪除，最終在企業總部得以完成計劃。

自上而下方式是指計劃從企業最高管理層的戰略計劃出發逐級向下傳達和落實。財務計劃的產生往往經歷自下而上和自上而下的雙向和交叉的過程。

三、財務計劃的編制流程

財務計劃的編制流程如下：

第一步：對企業的外部環境進行綜合分析研究，並以此為基礎編制計劃綱要，建立財務計劃系統。

第二步：各業務職能部門根據外部經濟情況的預測和計劃綱要做好各自的經營計劃。通常是按照每種產品分別做銷售、生產計劃。

第三步：財務人員根據經營計劃，幫助各部門制定有關的價值計劃。然後再彙集各部門的價值計劃，按內在聯繫綜合成各種財務計劃，確定滿足企業增長所需的資金。

第四步：預測在計劃期限內的各種資金來源。

第五步：確保財務計劃的真正落實。

第六步：制定針對財務計劃所依據的假定條件與現實不符時做出調整的措施。

第七步：建立績效評價系統。

四、預算編審流程範本

第一條　公司預算委員會擬訂預算年度初步設定的經營目標，籌備預算編制事項，並編制會議資料。

第二條　召開公司預算委員會會議，說明預算編制程式，頒佈公司年度經營目標。

第三條　召開工廠預算委員會，根據公司年度經營目標，頒發工廠年度經營目標，責成各部門主管著手擬訂各項管理計畫大綱及完成進度表，並設定產能、用料、人工及費用預算標準。

第四條　行銷部及工廠各級主管開始編制預算，行政部、人事部開始擬訂各項管理計畫大綱及完成進度表。

第五條　總經理室及生產管理中心開始編制預算。

第六條　公司預算委員會執行秘書匯總各單位的初步預算及計畫大綱，做成修正案提交公司預算委員會討論。

第七條　召開第二次公司預算委員會，協調修正總經理室及生產管理中心提報的年度產銷計畫。核定工廠提報的產能、用料、人工及費用預算標準，及各部門提報的管理計畫大綱及完成進度表。

第八條　總經理室、生產管理中心、貿易部、內銷部根據公司預算委員會決議事項修正預算，工廠根據核定的生產計畫及用料標準、編制材料耗用量預算及人工製造費用預算。各部門根據核定的

管理計畫大綱及進度表著手草擬計畫草案。

第九條　採購部開始編制預算。

第十條　工廠開始編制生產成本預算。

第十一條　財務部開始編制預算。

第十二條　總經理室開始編制經營計畫說明書。

第十三條　召開第三次公司預算委員會，討論通過年度經營計畫及年度預算案。

第十四條　頒佈年度經營計畫及年度預算。

第十五條　各單位開始編制下年度元月份預算。

第十六條　預算資料編制單位及編送期限

第二節　預算人員的工作崗位職責

一、資本預算主管崗位職責

財務部預算主管的崗位職責是，根據公司生產經營情況，負責公司生產和經營項目預算的編制工作，保證公司生產和經營成本得到有效的控制。預算主管的具體職責如下。

1. 協助財務總監建立預算管理體系，為預算工作建立配套的執行、控制機制。

2. 制定公司年度全面預算；組織編制整個企業的財務預算及財務部門費用預算。

3. 彙編各部門預算草案，形成企業的銷售預算、採購預算和費用預算等項目預算。

4.綜合、平衡企業各職能部門的預算，經決策層批准後下達實施。

5.監督管理預算的執行情況，察看預算建議案，及時向管理層回饋。

6.定期匯總、綜合分析各部門編制的簡要預算執行差異分析報告。

7.負責向董事會解答有關預算的質疑，確定組織的預算要求符合法律規定。

8.根據實際經營情況，定期更新已編制的預算，使企業的預算更趨準確。

二、預算專員崗位職責

預算專員的崗位職責是，具體編制公司各種預算表，對預算的執行情況進行監督和分析。預算專員崗位具體職責如下。

1.協助建立、改進、完善預算管理體系，建立相應的執行控制機制。

2.協助編制公司全面經營預算，負責預算的跟蹤管理。

3.根據預算監控日常支出，定期進行回饋。

4.對預算各項指標和各部門預算執行情況進行監督，提交分析報告。

5.編制集團預計損益表、預計資產負債表、預計現金流量表。

6.編制集團總體預算平衡方案。

7.按時進行下一年度預算的編制工作。

第三節　財務部預算管理流程

一、建立有效的預算監控程序

　　對預算進行監督和控制是財務部的重要組成部分。在有效、嚴密的預算監控體系下，以預算監控的目標為指導，採用適合本企業的方法，對收入、費用等進行監控，對比實際與預算資料的差異，儘快發現經營活動何時偏離了正常軌道，並採取適當的修正措施進行改進。預算監控為企業戰略能否實現或可以實現提供持續的數量測試，從而為企業健康發展提供及時的信息，並為企業預算調整決策提供有力的資料支援。

　　當企業的各項預算均編制完畢並獲得了預算管理委員會或財務經理的批准之後，各項預算就開始進入執行階段了。為了瞭解和檢查正在發生的經營收入和費用支出的情況，以及嚴格關注那些可能會發生的意外事件，財務經理應該根據企業的實際情況，採取以周、月或季度為時間單位對預算執行過程進行嚴格的監控，並建立一套能夠嚴格監控預算執行情況的程序。一個切實有效的監控程序，應該做到以下幾點：

1. 按照例外事件管理辦法進行監控

　　例外事件管理，指僅在重要的和意外的事件發生的時候，雇員才報告財務經理予以關注的一種管理方式。為了節省大量時間去關注其他更重要的事情，管理人員應該學會使用例外事件管理辦法對預算進行有效的監督和管理；也許管理人員已經掌握了所負責部門

的全部內容，甚至對其他預算以及總預算的部分或全部內容都有所瞭解，但這並不意味著要事無巨細地過問日常工作的每個環節。分工明確是預算監控程序脈絡清晰的一個重要原則，即銷售代表、辦公室職員及其他雇員負責處理每日或每週發生的與收入、支出和記錄有關的工作；預算負責人負責處理實際業務與預算要求產生較大差異時出現的各種問題。

2.監控程序要做到簡單、迅速、易於管理

建立嚴密的監控程序，對經營過程中發生的收入、費用、利潤和現金流量的情況進行監督，要注意一個原則，即簡單、迅速、易於管理。

要做到迅速，就必須要保證所有的資料都應該便於查找並可以隨時獲得。在許多情況下，這些資料應該直接來自於銷售發票或收據等資料源頭。在現金流量情況較差的情況下，管理人員應該及時、定時查看現金記錄變化。其他情況下，管理人員可以從企業的財務記錄、賬本等處得到有關現金流量的信息。

對於管理人員來講，能否迅速、準確地收集匯總這些記錄，執行對預算的監控管理，是衡量監控程序是否予以改進的重要尺度。

3.監控過程要具有靈活性

在預算執行過程中，並不是出現的所有差異都能夠找到有效的解決辦法，對於那些財務經理和預算管理委員會或財務經理都無法協調和處理的差異，企業不要一味地堅持一定要找到解決辦法或是一意孤行地繼續執行錯誤的預算。因為這樣做沒有任何意義，反而有可能給企業帶來嚴重的損失。對於這些解決不了的差異，企業只能予以認可，並及時重新修訂涉及到的所有預算。

總之，為了嚴密地對預算的執行情況進行監督，並嚴格關注那

些可能發生的意外事件，企業的財務經理就必須從基層抓起，按照易於管理、定期執行、分級負責的原則，制定一套能夠嚴格監控預算執行的程序，管理和規範員工的具體行為，使預算真正發揮其應有的作用，使各方面的工作朝著更有效率的方向發展。

4.監控要注意定期執行

除了要求財務經理迅速準確地得到所有與收入和費用有關的資料外，在管理程序上，還應該對檢查或監督預算資料的時間做出具體的規定。由於企業性質和經營狀況不一樣，所以各自規定的監控時間週期也不同，這一點要結合企業的具體情況來確定。一般來說，大多數企業是以月度作為對預算進行監督的時間單位。

在正常情況下，以月作為週期進行監控時，財務經理可以從原始憑證或企業的記錄中瞭解和檢查經營收入和費用發生的情況，然後在預算表中填寫「實際」資料，並將其與「預測」資料進行比較，將差異填寫到「差異」欄中。對於在許可範圍內的差異要自行處理：對於超出許可的差異（超過 10%)或者可能對企業正常經營造成危害的差異，必須立即報告給預算管理委員會或財務經理。

5.監控要從基層開始進行

要對預算進行有效的監督，就應該從企業最基礎的業務單位，即從收入和費用產生的環節開始做起。例如銷售代表外出完成現金銷售活動，或者辦公行政人員使用現金購買辦公用品，也許這些活動所涉及到的現金數量很小，但是也必須按有關規定執行並做好記錄。

二、有效的財務部預算編制流程圖

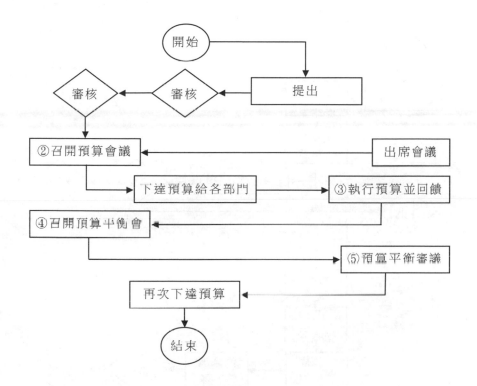

三、年度預算編制程序圖

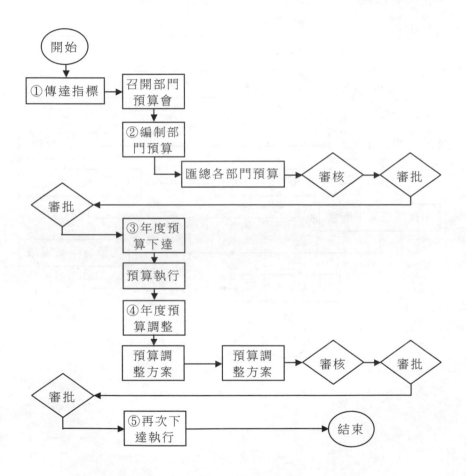

四、年度預編制平衡流程圖

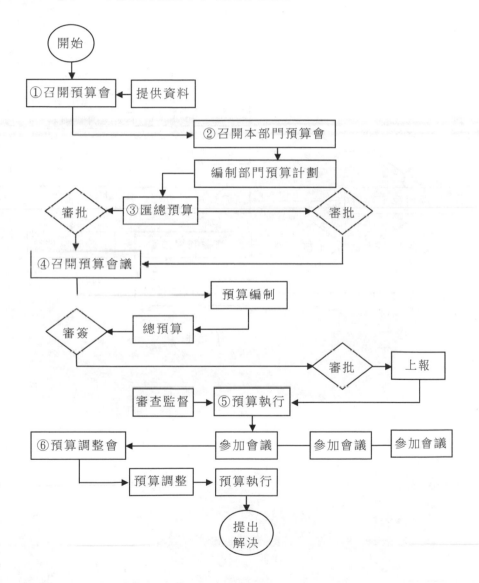

五、年度預算調整流程圖

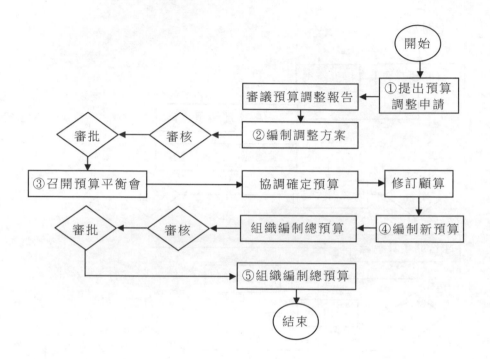

六、現金預算流程圖

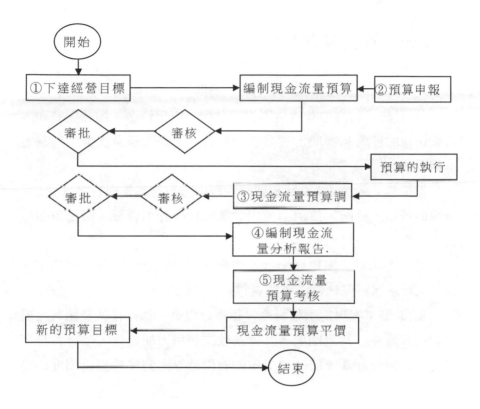

第四節　預算管理制度

一、資金管理制度

第 1 章　總則

第 1 條：為合理有效地籌措、分配、使用資金，加強對公司內資金使用的監督和管理，提高資金利潤率，保證資金安全，特制定本規定。

第 2 條：資金預算編制和監督執行由公司總部管理會計部負責，資金的籌措、分配、使用由公司總部財務會計部負責，財務室辦理具體工作。

各部門和單位要積極配合管理會計部、財務會計部及財務室工作，按要求保質保量報送有關資料。

第 3 條：本規定所稱資金，指庫存現金、銀行存款及隨時可變現的有價證券。為定期編表計算及收支運用方便起見，預計資金僅指現金及銀行存款，隨時可變現的有價證券則歸屬於資金調度的範疇。

第 4 條：本規定適用於整個集團公司。

第 2 章　資金預算規定

第 5 條：公司總部有關部門及各下屬單位，除應於年度經營計劃書編訂時報送年度資金預算外，還應於每月 25 日前逐月預計次三個月份的資金收支資料，編制資金來源運用預計表，報公司總部管理會計部。管理會計部根據公司年、季資金預算進行核查，簽註意

見後轉財務室以利彙編。

　　財務室應於每月 28 日前匯總、編妥下三個月資金來源運用預計表，按月配合修訂，並於次月 10 日前，編妥上月份資金來源運用比較表。以上兩表各一式六份，分別報管理會計部經理、財務會計部經理、財務總監、總經理、董事長，同時留存一份備查。

　　第 6 條：資金收入。

　　（1）銷售收入

　　各下屬單位依據各種銷售條件及收款期限，預計可收（兌）現數額編列。

　　（2）勞務收入

　　各下屬單位收受同業產品代為加工，依公司收款條件及合約規定，預計可收（兌）現數額編列。

　　（3）退稅收入

　　①退稅部門依據申請退稅進度，預計可退現數額編列。

　　②預計核退稅額雖非實際退現，但其能抵繳現金支出，得視同退現。

　　（4）其他收入

　　凡無法直接歸屬於以上各項收入的都屬於其他收入，包括財務收入、增資收入、營業外收入等。其數額在 10 萬元以上者，均應加說明。

　　第 7 條：資金支出

　　（1）資本支出

　　①土地：公司總務部依據購地支付計劃提供的支付預算數編列。

　　②房屋：公司總務部依據興建工程進度，預計所需支付資金編列。

③機器設備、雜項設備等：公司總務部依據採購計劃和進度，預計支付資金編列。

（2）材料支出

公司總部銷售管理部和各下屬單位按照請購、採購、結匯作業，分別預計外購商品支付資金並編列。

（3）薪資

公司總部勞資部和各下屬單位依據工資、獎金制度及產銷計劃、最近實際發生數等資料，預計支付數並編列。

（4）期間費用

①銷售費用：各下屬單位依據銷售、營業計劃，參照以往月份銷售費用佔銷售額、營業額的比例推算編列。

②管理費用：公司總部會計室和各下屬單位參照以往實際數及管理工作計劃編列。

③財務費用：公司總部會計室依據財務室資金調度情況，核算利息支付編列。

（5）其他支出

凡不屬於上列各項的支出都屬於「其他支出」，包括償還長期（分期）借款、紅利等的支付。其數額在 10 萬元以上者，均應加以說明。

第 8 條：異常說明

各下屬單位應按月編制「資金來源運用比較表」，以瞭解資金實際運用情況。實際數與預計差異在10%以上者，應由資料提供部門填列「資金差異報告表」，列明差異原因。以上兩表於次月 6 日前送公司總部財務室彙編。

第 9 條：資金調度

公司經營資金由公司總部財務會計部負責籌畫，由財務室具體

辦理籌措調度事務。

各採購部門（公司總部總務部、銷售管理部，各下屬單位業務部門）根據管理需要、購銷任務，按月編列「月採購計劃」，並於當月 30 日前送財務室匯總。由財務室編制月用款安排，經財務會計部經理、財務總監審核，報總經理批准。

財務室要隨時掌握銀行存款餘額，並於次月 5 日前按月依據有關銀行貸款額度、可動用資金、定期存款餘額等資料編列「銀行短期借款明細表」，呈財務會計部經理、財務總監、總經理、董事長核閱，作為經營決策的參考。

第 3 章　資金管理規定

第 10 條：年度預算計劃下達後，財務總監組織財務會計部、行銷中心、售後服務中心、各分公司和零售部，商定各營業單位月資金佔用額，上報總經理核准後下達。

第 11 條：各下屬單位在業務中要努力加速資金週轉，減少不合理的費用開支，提高資金營運品質和利用率。

第 12 條：各下屬單位的月資金佔用額每年要進行調整。若月佔用超支，視情況作如下處理。

- 公司總部主動變動，則相應調整，但應限定時期。
- 業務良性擴張，則作出書面報告，載明增加額度、原因及必要性、預計投入產出比、要求期限等，經上級部門簽註意見，並由財務會計部相關人員審核後，報財務總監批准，同時報總經理。
- 經營不良造成超額使用，除必須書面說明原因和提出預防與糾正措施外，公司總部按超額部份的 10%抵扣銷售收入，視作罰款。

第 13 條：各下屬單位不得以任何方式自行籌款，嚴禁向外單位或公司其他單位以任何方式拆借資金、放貸、提供擔保，由此造成的一切後果由該單位負責人承擔，視情節輕重，公司可追究其行政和責任；嚴重者，依法追究法律責任。該單位財會負責人知情不報或協助實施的，視情節輕重，由公司財務會計部予以撤換或給予行政和處罰。

第 14 條：存款管理

公司各下屬單位除在當地或公司總部附近的銀行保留一個存款戶，辦理小額零星結算外，必須在公司財務會計部開設存款帳戶，辦理各種結算業務。在公司總部的結算量和旬、月末餘額的比例不得低於 80%。50 萬元以上的大額款項支付必須向財務會計部提供書面說明，經批准後，方可保留其他銀行結算業務。

第 15 條：各下屬單位支付廠商或有關單位購貨款項（一般費用開支除外），必須將匯款單或付款憑據傳真回公司總部財務會計部，以備審查留存。若不按此規定辦理，按公司《員工獎懲制度》中的相應條款處理。

第 16 條：各下屬單位財會室必須逐日向公司財務會計部傳真呈報其「銀行存款及現金餘額日報表」。會計室銀行稅務會計負責匯總編制集團公司「銀行存款及現金餘額日報表」，逐日向財務室主管、財務會計部經理、財務總監、總經理、董事長呈報。

第 17 條：資金檢查和管理

公司總部財務室以資金的安全性、效益性、流動性為中心，定期開展以下資金檢查和管理工作，並根據檢查情況，定期向財務會計部經理、財務總監、總經理、董事長編報專題報告。

· 定期檢查各下屬單位的現金庫存狀況。

- 定期檢查各下屬單位在公司總部的結算情況。
- 定期檢查各下屬單位在銀行存款和在公司總部存款的對賬工作。
- 對下屬單位匯出 50 萬元以上大額款項進行跟蹤檢查或抽查。

第 18 條：公司各類單項資金管理審批許可權根據公司的相關制度執行。

第 4 章　附則

第 19 條：本制度由財務會計部負責制訂、解釋並檢查考核，財務室負責辦理日常工作。

第 20 條：本制度報董事會批准後頒佈施行，修改時亦同。

第 21 條：本制度施行後，原有的類似制度自行終止，與本制度有抵觸的規定以本制度為準。

第 22 條：本制度自頒佈之日起施行。

二、公司預算管理制度

第 1 章　預算的編制

為加強對各部門預算編制的有效管理，現就預算編制的具體內容規定如下。

第 1 條：產品類別銷售計劃

該計劃以產品分類為主，分內外銷擬訂。

第 2 條：生產計劃的說明

對產量及生產能力運用計劃、品質計劃、新產品或新技術的研究開發計劃、機械修護計劃、機械淘汰以及擴建計劃、人員合理化計劃、成本控制計劃等加以說明。

第 3 條：標準生產能力設定

將各生產部門正常編制下，主要生產設備的設計生產能力及生產效率所設定的標準生產能力，作為生產管理中心編制產銷配合計劃的參考，並作為考核實際生產效率的依據。

第 4 條：標準用料設定

將各生產部門產成品每單位主要原料的標準耗用量，作為生產管理中心編制生產計劃及供應部編制採購計劃的參考，並以此作為考核原料耗用的依據。

第 5 條：營業計劃說明

營業計劃說明是貿易部與內銷部在預算年度中關於營業計劃的書面報告，內容包括市場的開發、新產品的開發、舊產品的淘汰、新客戶的開發或原有客戶的淘汰、廣告或其他銷售推廣政策、價格策略及賬款回收政策、業務人員的增減異動、銷售費用限制、本年度營業方面可能遭遇的困難及克服對策等。

第 6 條：客戶促銷計劃

客戶促銷計劃由貿易部及內銷部根據市場情況、客戶往來情況預計各客戶的銷售量，以擬訂的售價予以編制。

第 7 條：標準人工費用設定

標準人工費用是在各部門標準生產能力下，人員的配置及用人費用的標準。人工費用依性質分為直接人工費用及間接人工費用兩項。生產計劃確定後，標準人工費用作為編制人工費用預算及考核人工效率的依據。

第 8 條：標準製造費用設定

標準製造費用是各部門在標準生產能力下，耗用的電力、重油、材料、維修費用等費用指標，分為變動及固定兩項。標準製造費用

作為生產計劃確定後編制製造費用預算及考核費用支出的依據。

第 9 條：服務部門費用分攤設定

服務部門費用分攤指的是，按費用性質，依服務部門提供服務的比重，將服務部門費用分攤給生產部門。

第 10 條：產銷配合計劃

產銷配合計劃是本公司預算產銷活動的基本報表，由總經理辦公室及生產管理中心根據營業部門及生產部門提供的資料，綜合市場環境、生產狀況、產成品存貨水準及成本利潤等因素，加以協調編制而成。

第 11 條：生產計劃

生產計劃指生產管理中心依據經核定實施的產銷計劃所列的各項產品生產數量，它是考核各生產部門預算年度內生產進度完成情況的依據。

第 12 條：主要材料耗用量預算

由生產部門依據生產計劃及標準用料設定加以彙編而成。

第 13 條：主要材料採購預算

本預算由供應部依據主要材料耗用量、材料的合理庫存、經濟採購量及材料價格趨勢等予以彙編，是編制主要材料耗用成本的依據。

第 14 條：固定資產擴建改良及專項費用預算

本預算是供應部根據營業計劃說明、生產計劃、產銷配合計劃及公司預算委員會決議事項所編制的年度資本支出及專項支出預算與完工進度表。

第 15 條：生產成本預算

本預算是指各產品直接材料、直接人工及製造費用的總成本及

單位成本預算。

第 16 條：銷貨成本預算

銷貨成本預算由會計部根據產銷配合計劃及生產成本預算彙編而成。

第 17 條：營業收入預算

營業收入預算由會計部根據產銷配合計劃及預估的其他收入彙編而成。

第 18 條：銷售管理財務費用預算

本預算是會計部參考前年度實際開支，並依據年度營業管理計劃所編制的銷售管理財務費用年度預算。

第 19 條：損益預算

損益預算是會計部依據銷售成本預算、營業收入預算及銷售管理財務費用預算編制的年度損益預算。

第 20 條：資金運用計劃

資金運用計劃是會計部根據年度產銷庫存計劃、資本支出計劃及債務償還計劃等資料編制而成。

第 21 條：管理計劃說明

公司總務部及人事室就組織編制合理化計劃、人員變動計劃、人力發展培訓計劃、管理規章等加以說明，作為總經理室編寫經營計劃及會計部編制管理費用預算的參考。

第 22 條：經營計劃說明

總經理辦公室依據前述資料，就營業、生產、原材料管理等計劃加以綜合及摘要的說明。

第 2 章 預算工作的組織與實施規定

為了使各部門編制的預算順利實現，同時更好地推行預算管理

制度，現就本公司有關預算工作的組織與實施作如下規定。

第 23 條：公司預算委員會

　　　　　　主任委員：　總經理

　　　　　　副主任委員：副總經理

　　　　　　委員：　　　貿易部經理

　　　　　　　　　　　　內銷部經理

　　　　　　　　　　　　供應部經理

　　　　　　　　　　　　總務部經理

　　　　　　　　　　　　會計部經理

　　　　　　　　　　　　總經理室主任

　　　　　　　　　　　　第一廠廠長

　　　　　　　　　　　　第二廠廠長

　　　　　　執行秘書：　會計部副經理

第 24 條：一廠預算委員會

　　　　　　主任委員：　廠長

　　　　　　委員：　　　副廠長

　　　　　　　　　　　　主任

　　　　　　執行秘書：　專員

第 25 條：二廠預算委員會

　　　　　　主任委員：　廠長

　　　　　　委員：　　　副廠長

　　　　　　　　　　　　主任

　　　　　　　　　　　　組長

　　　　　　執行秘書：　專員

第 26 條：預算委員會的職責

⑴決定公司或各廠的經營目標及方針。

⑵審查公司總部及一廠、二廠的初步預算並討論修正事項。

⑶協調各部門間的矛盾或分歧。

⑷核准預算。

⑸環境變更時，修改預算及變更經營方針。

⑹接受並分析預算執行報告。

第 27 條：預算執行秘書的職責

⑴給各部門提供編制預算所需的表單格式等。

⑵給各部門提供所需的生產成本與收入等資料。

⑶匯總各部門的初步預算，提出建議事項，交預算委員會討論。

⑷督促預算編制的進度。

⑸比較、分析實際執行結果與預算的差異情況。

⑹監督各部門切實執行預算有關事宜。

⑺其他有關預算推行的策劃與聯絡事項。

第 3 章　預算編審程序及日程規定

本公司就預算編審程序及日程進度的有關事宜作如下規定。

第 28 條：公司預算委員會執行秘書著手擬訂預算年度初步設定的經營目標，準備預算編制籌備事項，並編成會議資料。

第 29 條：召開公司預算委員會會議，說明預算編制程序，頒佈公司年度經營目標。

第 30 條：召開一廠、二廠預算委員會會議，根據公司年度經營目標，頒發一廠、二廠年度經營目標，責成各部門主管著手擬訂各項管理計劃大綱及完成進度表，並設定產能、用料、人工及費用預算標準。

第 31 條：貿易部、內銷部及一廠、二廠各級主管開始編制預算，

總務部、人事室、事業關係室開始擬訂各項管理計劃大綱及完成進度表。

第 32 條：總經理室及生產管理中心開始編制預算。

第 33 條：公司預算委員會執行秘書匯總各單位的初步預算及計劃大綱，做成修正案提交公司預算委員會討論。

第 34 條：召開第二次公司預算委員會會議，協調修正總經理室及生產管理中心提報的年度產銷計劃。核定一廠、二廠提報的產能、用料、人工及費用預算標準，指定各部門提報的管理計劃大綱及完成進度表。

第 35 條：總經理室、生產管理中心、貿易部、內銷部根據公司預算委員會的決議事項修正預算，一廠、二廠根據核定的生產計劃及用料標準編制材料耗用量預算及人工製造費用預算。各部門根據核定的管理計劃大綱及進度表著手草擬計劃草案。

第 36 條：供應部開始編制預算。

第 37 條：一廠、二廠開始編制生產成本預算。

第 38 條：會計部開始編制預算。

第 39 條：總經理室開始編制經營計劃說明書。

第 40 條：召開第三次公司預算委員會會議，討論通過年度經營計劃及年度預算案。

第 41 條：頒佈年度經營計劃及年度預算。

第 42 條：各單位開始編制下年度一月份預算。

第 4 章　預算資料編制單位及編送期限

本公司有關預算資料編制提供單位、編制時期、分送單位的事宜規定如下表所示，請各部門遵照執行。

表 3-4-1　預算資料編制表

序號	資料名稱	提供部門	編制期間	分送單位	說明
1	營業計劃說明書初稿	貿易部、內銷部	10月13日～10月25日	總經理室及生產管理中心、會計部	
2	客戶別銷售計劃表初稿				
3	產品別銷售計劃表初稿				
4	生產計劃說明書初稿	一廠，二廠	10月13日～10月25日	總經理室及生產管理中心、會計部	
5	標準生產能力設定表初稿				
6	標準用料設定表初稿				
7	標準人工費用設定表初稿				
8	標準製造費用設定表初稿				
9	服務部門費用分攤設定表初稿				
10	產銷配合計劃表初稿	總經理及生產管理中心	10月26日～10月31日	貿易部、內銷部、會計部	
11	生產計劃表初稿			一廠、二廠	
12	第一項、第二項、第三項	貿易部、內銷部	11月2日～11月5日	總經理室、生產管理中心、會計部	
13	第四項、第五項、第六項、第七項、第八項、第九項	一廠、二廠			

續表

序號	資料名稱	提供部門	編制期間	分送單位	說明
14	第十項	總經理室及生管中心		貿易部、內銷部、會計部	
15	第十一項	生產管理中心		一廠、二廠、會計部	
16	主要材料耗用量預算表	一廠、二廠	11月6日～11月8日	供應部、會計部	
17	資材計劃說明書	供應部	11月9日～11月12日	總經理室、會計部、一廠、二廠	
18	主要材料採購預算表				
19	固定資產擴建改良及專案費用預算表				
20	生產成本預算表				
21	銷貨成本預算表	會計部	11月20日～11月30日	總經理室	
22	營業收入預算表				
23	推銷管理財務費用預算表				
24	損益預算表				
25	資金來源運用表				
26	管理計劃說明書	總務部	11月13日～12月1日	總經理室、會計部	
27	經營計劃說明書	總經理室	12月1日～12月4日	會計部	

第五節　預算管理方案

一、成本費用預算的編制方案

一、成本費用預算管理基本要求和內容

（一）成本費用管理必須遵循「事前預算、事中控制、事後分析、期末考核」四原則。各分公司及各部門應建立完善的成本費用預算、控制、分析、考核體系。

（二）成本費用預算的主要內容

1.分公司按年及月編制與匯總生產費用、管理費用、銷售費用、財務費用、其他業務成本、營業外支出的預算，並對修理費、職工薪酬、折舊費、運輸費、招待費、差旅費、會議費、通信費、辦公費等成本費用項目單獨列示，重點控制。

2.各分公司按要求的內容編制、上報年度成本費用預算，並通過編制，上報月預算，落實年度預算。各分公司的成本費用預算經分公司負責人批覆後執行，並分解落實到所屬成本中心。

（三）各分公司編制成本費用預算時，應同時制定切實可行的執行措施，保證成本費用預算的落實。

二、成本費用預算的編制依據

年度、月成本費用預算應根據分公司綜合經濟計劃和各項要求、本單位的經營目標、生產經營預算（包括產、供、銷、資本支出、籌資計劃）、成本降低率，以及產品品質、品種，各項消耗定額和費用壓縮指標的要求，考慮當年技改、技措、大修計劃和其他增

產節約措施，並在認真預計本期實際成本費用水準的基礎上編制。

三、成本費用年度預算編制程序和方法

（一）成本費用預算的編制按照「上下結合、分級編制、逐級匯總」的程序進行。

1.下達目標。分公司根據發展戰略和預算期經濟形勢的初步預測及公司總部要求，提出下一年度企業主要財務預算目標，並確定財務預算編制的政策。分公司將財務預算目標和政策下達給各部門。

2.編制上報。各分公司按照總公司下達的財務預算目標和政策，結合自身特點以及預測的執行條件。編制本單位詳細的生產經營預算和成本費用等財務預算方案，並按規定時間上報分公司財務資產部。

3.審查平衡。分公司對各部門上報的成本費用預算等方案進行審查、匯總和平衡。在審查、平衡過程中，應當進行充分協調，對發現的問題提出調整意見，並回饋給各部門予以修正。

4.審議批准。分公司財務資產部在各部門修正調整的基礎上重新匯總，編制出分公司成本費用等財務預算方案，上報分公司經理辦公會。根據分公司經理辦公會議意見，責成財務計劃部進一步修訂、調整。在討論、調整的基礎上，財務資產部正式編制年度成本費用等財務預算草案，提交經理辦公會議審議批准。

5.上報總部並下達執行。財務資產部將經理辦公會議審議批准的成本費用等財務預算上報公司總部，並逐級下達各預算執行單位執行。

6.各分公司在預算執行過程中，如果預算的基礎發生了重大變動，該變動將導致預算執行結果產生重大偏差時，應及時上報分公司財務資產部，在取得分公司同意後，對預算進行必要的調整。

（二）各分公司的成本費用預算由財務部門牽頭，生產計劃、機動、人力資源、採購、行銷、安全環保等部門參與制定，根據不同的成本費用預算項目，參照標準成本，按照量價分離的原則，採用滾動預算、零基預算等方法進行編制。

月預算是根據月生產經營計劃等資料編制的預算，具體步驟和程序參見年度預算。

四、成本費用預算的執行與控制

（一）成本費用預算指標一經批覆下達，各預算執行單位必須認真組織實施。各分公司應將成本費用預算指標層層分解，橫向到邊、縱向到底，落實到內部各部門、各單位、各環節和各崗位，形成全方位的成本費用預算執行責任體系。在分解預算指標時，應考慮內部產品和勞務互供的影響，指標與措施同步，責權利相統一。

（二）各分公司應將年度預算作為指導，編制月預算，以確保年度財務預算目標的實現。企業應結合年度預算的完成進度，按照規定格式編制月預算報表，經本單位主管領導確認後，按照分公司全面預算管理辦法的規定上報分公司財務資產部和主管部室，主管部室審核確認後予以批覆。月預算下達後，各單位應嚴格按照批覆，將完成月預算的各項生產經營指標落實到責任單位和個人。

（三）為了控制成本費用，實現企業的經營目標。各分公司在日常控制中，應當健全憑證記錄，完善各項管理規章制度，嚴格執行生產消耗、費用的定額定率標準，加強適時的監控。對預算執行中出現的異常情況，應及時查明原因，予以解決。

（四）財務部門與採購、生產、計劃、行銷等部門應加強溝通，充分發揮牽頭和監控的作用，及時發現成本費用預算執行過程中的問題，督促有關部門解決預算執行過程中暴露的問題，自覺進行成

本費用的控制。

　　原材料及各種輔助材料、物資的採購，是生產經營環節的源頭，某成本在產品成本中佔有較大比重，物資採購供應部門和其他對物資採購成本有影響的部門要負責採購成本的控制。各職能部門應適應市場變化，貨比三家，提高定點採購率、大廠直供率和合約訂貨率，減少中間環節，減少企業庫存，防止重覆採購，避免物資積壓，降低採購成本，節約採購資金。

　　生產技術部門要加強生產裝置物耗、能耗和加工損失的管理，降低生產消耗，提高產品產量；要推進科技進步，開發高附加值產品，改進技術和操作，對技術投入的產出負責，提高投入產出率。

　　設備機動部門要加強維修費用和設備更新費用的預算控制，通過對設備的精心操作、設備的日常維護保養和提高大修品質，確保裝置的長週期運轉。維修工程和更新項目必須納入正常的工程預、決算管理，對規定標準以上的維修工程和更新項目的預、決算，應由工程審計機構進行必要的審核，防止效益流失。

　　安全環保部門要抓好生產裝置的安全生產，減少因安全事故和非計劃停工造成的損失；消除、減少環保責任事故，本著「高效、節約」的原則，控制安全環保費用。

　　各責任單位要加強原材料、產成品、半成品、在產品的計量驗收工作，從接貨、裝卸、運輸、進廠、入庫、發貨出庫等環節入手，專人負責、準確計量，嚴格統計，努力減少途耗、庫耗。

　　製造費用和期間費用各項目要按照「誰發生，誰控制，誰負責」的原則，責任到人，從嚴從緊，精打細算。

　　（五）各級單位應建立成本預測制度，把成本費用管理的重點放到事前預測和過程控制上。成本預測主要根據成本習性和數學分

析方法，預測產品成本的發展趨勢。

企業事先應對生產計劃、生產技術方案進行成本預測，根據預測數據進行決策，優化生產方案，合理配置資源，使成本費用得到事前控制。

在事中要定期對生產過程的生產經營情況進行成本預測，根據測算結果，及時採取控制措施，使成本得到事中控制。

二、銷售預算編制方案

一、總則

銷售預算反映銷售活動中費用方面的問題。銷售預算和銷售預測的執行保證了預測期間利潤的實現。

本方案包括銷售收入預算、銷售成本預算、銷售毛利預算、營業費用預算、經營純利潤預算、應收賬款回收預算與存貨預算。

二、銷售收入預算

此處的銷售收入指產品銷售淨額。銷售淨額＝銷售收入－銷售退回與折讓。首先，需要設立退貨與折讓的預算。例如，若將減價（相當於折讓）列入銷售收入的項目中，就需設立退貨預算，以決定銷售淨額預算。

退貨預算值的計算方法是，根據退貨率的趨勢決定退貨率，然後再求退貨預算值、退貨率與退貨額及銷售收入，計算公式如下。

$$退貨率＝（退貨額÷銷售收入）×100\%$$

$$退貨額＝銷售收入×退貨率$$

$$銷售收入＝銷售淨額×（1－退貨率）$$

三、銷售成本預算

銷售成本採用下面的公式進行計算：

銷售成本＝銷售數量×每單位產品的製造成本（或每單位商品的構成成本）。

需要說明的是，同一產品在不同地區銷售，其單位產品的製造成本不同。所以，在決定不同地域的銷售成本之前，必須調查清楚產生成本的各子項。

四、銷售毛利預算

銷售收入預算減去銷售成本預算，即可求得銷售毛利預算。

銷售毛利＝銷售收入－銷售成本

在決定毛利預算之前，應檢查銷售毛利是否足以抵償企業所需的一切經費。另外，尚需依不同產品、不同地域及不同部門求毛利貢獻度，以便訂立計劃。

五、營業費用預算

營業費用的預算方法有下列幾種。

（一）以過去實績為準

本方法最實際且最簡單。需要注意的是，企業不能完全依賴過去的實績，而不考慮下年度可能實施的新政策。

（二）依據銷售收入或銷售毛利目標值測算

本方法根據營業費用與銷售收入的比率或營業費用與毛利的比率估計營業費用。

（三）以純利潤目標值推算

決定銷售收入目標值與純利潤目標值之後，就可據此決定總成本。總成本減去固定成本與銷售成本，就可求出營業費用的範圍。

（四）依營業費用是否隨銷售收入而變化決定營業費用預算

有些營業費用隨銷售收入的增減而變化，有的則大多固定在某個數值上。可用 $y＝a＋bx$（a，b 為經驗值，根據長期統計資料核實）的算式來表示二者的關係，將銷售收入目標值代入 X 中，即可求算營業費用 y。

另外，也可將各種營業費用分為固定費用與變動費用兩種，然後再依變動費用求變動費用率，最後求算營業費用，公式如下：

營業費用＝固定銷售費用＋銷貨收入×變動的銷售費用率

（五）依據單位數量求算

本方法以銷售數量單位（如每車、每噸等）的營業費用為標準，估計總營業費用。

採用本方法時，若單位名稱因品種而異，就需按照不同品種估計營業費用，然後再求總營業費用。

六、經營純利潤預算

銷售毛利減去營業費用，等於營業純利潤。估計營業費用之後，需重新確認營業純利潤，觀察其是否達到預定的金額。

按不同產品、不同地域、不同部門，測算營業純利潤，如此即可求出營業純利潤貢獻度，其效用與銷售毛利貢獻度一樣，都有利於制定計劃與評價。

七、應收賬款的回收預算與存貨預算

應收賬款預算應該根據企業的賬期進行。企業也可以根據實際情況進行預算，比如按每月平均的應收款進行預算。

存貨預算，是指訂立產品或商品的庫存預算。存貨內容不同，預算的方式不同。一般分為下列 3 種：

（一）意外的存貨──滯銷商品。

（二）預料中的存貨──銷售所需的存貨。

（三）為調整銷售與生產所需的存貨。

八、執行

　　各銷售部門應據此進行銷售預算，每月、每個季、每半年各報一次，並按照預算表嚴格執行，本方案解釋權歸屬銷售部。

第 4 章

財務部的資金管理

🔊 第一節 貨幣資金管理工作要點

一、資金管理要點

　　某些企業，表面上看起來運轉良好，貨物很暢銷，但突然之間破產，這常常是由於其沒有好好把握資金流動的特點。

　　有的人會將資金流動理解為財務人員的事，如果財務人員能做好資金調度，公司就不會出現資金緊張，這種看法不可取。商品的生產、銷售和中間的各個環節都要靠企業各部門共同協調。如果生產部門出了問題，銷售部門就難以完成任務；若銷售部門不景氣，貨物積壓，就難以取得充足資金使生產部門運轉。資金流動和整個企業的生產、銷售流動密不可分。

　　從銷售部門角度看，其銷售量若有增加，往往會認為現金回流

增加，而生產部門認為生產量增加必引導收入增加，而在票據兌現
以前企業週轉現金必會因增加產量投入過高而導致不足，若此時發
生資金困境是可以理解的，本文開頭所說的例子就可以作此解釋，
往往經營良好的企業在擴大經營規模時因資金不足導致「技術性破
產」。從財務部門看，若產量和銷售量增加，產生短期內應付票據增
加，長期應收票據增加，從而使短期資金出現不足現象。在這種情
況下，就要增加流動資產，或者增加籌資能力。

　　若銷售量減少，商品不適銷，或者銷售部門付出努力不足，導
致庫存增加，則表現在財務上會出現應收款項減少的趨勢；若保持
生產額度不變，相同情況下，也會出現資金週轉困難；若生產額度
縮小，則會出現整個企業的生產規模下降趨勢。

　　牽一髮而動全身，許多企業都只重視企業的財務部門，這不是
因為財務部門比其他部門重要，而是因為財務部門的賬目可以表現
出各部門的經營運行狀況。企業作為一個整體，各部門連動性很強，
財務上出問題往往不是或不僅是財務部門的原因，而是其他部門的
原因。因為資金流動具有這些特點，我們可以據此判斷資金的增減，
合理逃避風險。

二、資金管理目標

　　不同的財務工作者具有不同的思想和理財方式，正如每個家庭
的理財方式千差萬別一樣。就公司內部工資水準相同的職員而言，
其工資分配有很大差異，有的職員將大部份資金用於生活支出，而
伙食費、娛樂費少；有的職員將大部份資金用於投資股票市場，爭
取高風險的高收益；有的職員將大部份工資用在購買債券，進行儲

蓄上。

三種人有三種不同的結果，前一種人會一直過著安逸的生活，儘管他的財富與同期人相比會相對減少，在別人的住房面積擴大 2 倍時，他仍會住在原有的一間房中。第二種人寧可生活上先吃點苦，願接受風險謀求自己財富的增加，他的生活水準一般沒有下降的趨勢，因為底線已很低，財富會保持不變或增長。第三種人追求穩健，他的財富會不斷積累，但是難以登峰造極，只會達到中等偏上的水準。每個家庭的理財方式的效果，在短期內是看不出來的，大約過了二三十年之後人們之間的差距會很明顯，正所謂性相近，習相遠。

公司或企業的資金管理目標，常要受到公司總的經營目標的限制，如果公司管理者思想開放，挑戰性強，很可能他的公司經營方式也較為激進，將絕大部份資金用於生產經營，而將少量資金留做流動資產。

公司的資金分為長期資金和短期資金。短期資金是指供短期（一般為 1 年以內）使用的資金。一般來說，短期資金主要用於現金、應收賬款、材料採購、發放工資等，可以在短期內收回。

長期資金是指供長期（一般在 1 年以上）使用的資金。一般來說，它主要用於新產品的開發和推廣、生產規模的擴大、廠房和設備的更新，常常需要幾年甚至幾十年才能收回。

從資金成本上看，長期資金成本會高於短期資金成本。激進型的經營者往往傾向於使用較多的短期資金，較少的長期資金。公司的資產按表現形態來看，有固定資產、流動資產。流動資產以期限劃分為長期流動資產和短期流動資產。激進型的經營者會用短期資金融通部份長期流動資產和固定資產，從而減少資金成本。

說其為激進型，源於其做法導致風險很大。一般說來，在其他

情況不變的條件下，公司所用資金的到期日越短，其不能償付本金和利息的風險越大；反之，資金的到期日越長，公司的融資風險就越小。

比如，公司準備增建廠房，財務部門用 1 年短期借款來融通這筆資金，在 1 年後債務到期時，房屋可能還未建完，即使建完，也可能裝修還未完成，還不能出售收回資金，這時，財務部就必須要借新債，還舊債。如果某些因素使借款人拒絕提供新貸款，公司又必須償還舊債，這將會使公司面臨不能償還到期債務的風險；而若使用長期資金融通。則可能避免這種局面。

如用 8 年期的長期債券來融資，正常情況下，8 年內由該項目發生的現金流入應足能清償債務。如果用普通股來融資，則風險會更小。

除上述不能按時清償的風險之外，不同償還期限的融資方法，在利息成本上也有很大的不確定性。如果採用長期債務融資，公司應明確知道整個資金使用期間的利息成本；而短期借款在一次歸還後，下次借款的利息成本為多少顯然不知道。若市場處於波動頻繁時期，短期利率變動很大，則利息成本的不確定性，也減少短期借款的風險。

綜上所述，這種風險構成了激進型經營的風險。與激進型經營相對，還存在著一種保守型經營，保守型經營者往往將長期資金的一部份用於短期流動資金，滿足流動資金的短期融通需要。這樣做風險比較小，但是成本較高，會使企業的利潤減少。除兩者之外，還存在一種中庸型的經營者，即長期資金用於融通長期流動資產和固定資產，短期資金用於融通短期流動資產。

三、適當的庫存現金

對企業來說，當然是現金、銀行存款越多越好。單獨考慮這個問題時，這種答案是對的。但假設公司流動資產總額一定，那庫存現金、銀行存款究竟需要多少呢？現金、銀行存款過少時，肯定會影響週轉，不過企業盈利靠資金轉化為存貨，轉化為商品，轉化為應收賬款，最後收回資金並獲利。若資金保留過多，盈利資產（原材料、存貨等）過少會影響企業的盈利能力。這是經常困擾資金管理者的兩難問題。在分析之中，常常把流動資產——存貨看做流動資產。它主要包括庫存現金、銀行存款、短期投資、應收賬款和應收票據，其中，庫存現金＋銀行存款＋短期投資叫保守速動資產。因此，衡量企業的變現能力主要有 3 個比率：

A. 流動比率＝流動資產/流動負債

B. 速動比率＝速動資產/流動負債

C. 超級速動比率＝超級速動資產/流動負債

即使是短期投資（如股票、債券、與資金（庫存現金＋銀行存款））還是不一樣的，它的變現也還需費一些時間。當然，金融市場越發達，短期投資的變現速度就越快。應付緊急事態主要依賴的仍然是資金。因此，要考察企業應付緊急事態的能力，還得有資金比率，即：

資金比率＝（庫存現金＋銀行存款），即流動負債

因此，要確定的就是恰當的資金比率。資金是企業為了進行經營活動必不可少的資產。資金比率的含義是，為了償還流動負債已準備了多少銀行存款和現金？一般說來，資金比率越高，表明企業

的支付能力越強。但對於企業來說，籌措來的資金以現金、存款的方式存在，因此不能說該比率越高越好；而且不能說企業擁有高額現金、存款就一定是有了足夠的償債能力。對企業來說，不僅流動負債要償還，長期負債也會慢慢到期需要償還的，而且對將來可能發生的負債也要準備償還。

　　因此，對於現金、存款多少為宜，只能是一個較含糊的回答：在確保週轉之下，減少不必要的現金、存款，提高資金的利用效率。保存現金、存款很重要的一個目的是用來償還到期的流動負債。因此，多少現金、存款為宜還是保持一個適當的資金比率。

　　當然，實際運作是如此複雜，企業一般很難完全做到上述要求，所以不少企業有的用下面講的「中庸之道」。這種方法很正確，很實用，即在確保週轉之外，將一部份現金、存款用於證券投資，屬於短期投資，作為「防護牆」，其他的剩餘資金就可以較放心大膽地去利用了。金融市場越發達，證券變現速度越快，這種方法越值得採用。這時採用的比率就是保守速動比率。有時候，企業的資金需求與營業額的擴大有明顯的比例關係，這時就可以考察保守流動資產與營業額的比率關係。在日本，這個比率被形象地稱為「手頭流動性比率」。

　　若手頭流動性比率為 2，表示企業目前手頭的可以迅速用於支付的流動資金為月營業額的 2 倍。這個比率的最佳值多少也沒有一個精確的答案。日本某公司的老闆說過，該公司以「兩個 50%」為目標，即市場上佔有率 50%，自有資本比率 50%。他對於他所追求的自有資本比率與手頭流動性比率解釋如下：

　　「我們的公司，現在並無向外借款，自有資本比率也超過 70%，但我認為並沒有始終保持自有資本 7～8 成的必要，雖然有較大的投

資計劃時，公司也會考慮借款，但即使在那種情形下，若公司沒充裕的自有資本，公司不會作斷然的投資。」

「我們的公司以儲備 3 個月的營業額可手頭流動作為經營目標之一（也就是追求手頭流動性比率為 3）。」

四、慎用週轉資金

週轉資金是彌補資金缺口的資金，它有時會減少，有時會增加，恢復或超過原來的數量，在週轉資金較長一段時間保持較高餘額的時候，有些企業就會心動起來，打週轉資金的主意，如用於炒股、用於購買原材料等。這種做法其實不太妥當。

在企業手頭上的錢用完之後，就無法應付各項支出了。這時若有部門提出「錢夠嗎？我這裏有一筆賬要付」，財務部門就很麻煩了。因此，不要有將手頭上的資金全部用完的錯誤想法。有些單身漢過著的就是「發薪後第一週是貴族，一週後是貧民」的生活。但對企業來說這樣做是非常危險的事情，因為在下次銷售貨款收回之前，企業主要靠的就是手頭的資金維持運營。

為了防止情況的發生，做資金週轉計劃是一個好方法，公司可以預先作好資金週轉計劃，提前計劃好資金的收支，將某筆資金何時並如何應用提前計劃好。這肯定會減少隨便使用手頭資金的傾向。因為企業知道資金用途之後，就會有意識地保存這筆資金；若企業不知道某筆資金有什麼用的話，挪用的衝動肯定會比較強烈。這就如一個電腦愛好者為了買電腦，袋中有錢也能捂住不花，為了心愛的電腦抵制各種消費的誘惑。若無此買電腦的預期計劃，那各種誘惑的誘惑力大多了，那很可能花了再說。

五、現金收支的「長袖善舞」

企業無不希望企業在收入現金時越多越好，在支出現金時能合理地拖延。這裏有一些技巧可以推薦給大家。在掌握了這些方法後，相信對企業靈活週轉資金會有一些裨益。

這些方法看起來都不起眼，也沒什麼大道理，但在實踐中努力去嘗試的話，能極大地改善企業的資金週轉狀況。它們主要有以下幾種方法。

提高應收賬額回收過程的程序性。銷售部門對賒銷情況應有詳細的記錄，應建立嚴謹的工作程序，應將應收賬款的任務指派到人，以免相互推委。應有一個預告系統，也就是銷售部門在應收賬款到期前就把快到期的應收賬款資料打出來，提前進行電話報告，而不能靠對方主動，到期時再臨時通知。工作要主動，否則即使對方有錢可付，願意付，但對方肯定沒有付款的積極性，因此，建立一套嚴密的可行的應收賬款回收工作程序是有實用價值的。

採用集中銀行法。這種方法適用於銷售網路較廣的企業，銷售網路遍佈全國，如何把銷售款儘快調回總部統籌進行資金週轉就是一個很大的問題。這些企業在收集資金的過程中可能需要通過不少的銀行機構，設計一個科學的資金回收體系是加速現金收入的要點。

設立資金收集系統。在這個現金收集系統中，資金流向安排是很靈活的，核心思想就是讓大中小客戶、地理遠近不一的客戶的資金都能通過適當的途徑儘快地彙集在企業總部中。主辦銀行指與企業主要來往的銀行，由它作為企業的「資金彙集池」是比較合理的。

做好銷售服務。企業所以在一些營業活動比較集中的區域，每

天的資金流入量比較大的區域，租用郵局的信箱，要求客戶將支票寄往指定信箱，再委託往來銀行每天派人開箱取出支票放賬，然後銀行將支票影本及有關文件送交公司。這種方法省卻了企業收取支票和送取支票的環節。對於銷售收入數量較大，且流量分佈時間較長的企業來說，這是一個加快現金回收的方法；對於收入集中在某個時間區域的企業，用不著這種方法。在結算中，若支票占比例很小，這種方法也就沒有吸引力。隨著支票在企業業務結算中的比例上升，這種方法也隨之有較大的應用意義。從海外經驗來看，在企業每年銷售額達 1000 萬以上時，若使用該系統加速收款時間為 1/4 天，就能增加 10000 萬元的收入。

　　減少不必要的銀行帳戶。保留太多的銀行帳戶，這無疑是讓一部份現金收入有個「棲息」之地。戶頭太多的話，總的看來，滯留在這些帳戶上的現金也是一個可觀的數字。因此，削去不重要的銀行帳戶，能減少資金匯到的路程，節約時間，就能減少滯留資金，加速現金收集，而且帳戶減少，能方便財務部門的管理，使財務部門週轉金更方便。

　　除了以上方法之外，企業也可以採用一些其他的方法。其他方法包括數額較大的匯款單、支票優先存入銀行，有時數額較大的支票可不遵循平常資金上繳通道，直接由總部交銀行入賬。有時這種方法真能解燃眉之急。此外，減少存貨，處理滯存貨，也對加快企業現金收入有所幫助。

六、現金的控制

　　現金是指企業的庫存現金，在財務管理混亂的企業中，連庫存現金也會不翼而飛，這樣的企業是沒有發展前途的。對於很多企業來說，現金管理並不是很理想，因此，對現金收支要有「鐵腕控制」。

　　健全的現金內部控制制度是對一個企業財務部門最起碼的要求，健全的資金控制制度能防止資金浪費、貪污等現象的發生。健全的現金控制系統才能保證企業會計記錄的可靠性和正確性。因此，企業管理者要對現金收支進行「鐵腕控制」。

　　第一，現金收入、支出舞弊方法及控制。

　　單獨竊取現金是很容易發現的，只要核對一下庫存現金額與現金賬戶餘額就會知道。所以，現金舞弊相伴而生的是在會計憑證和會計報表中的掩飾作假。

　　不良職員侵佔公司現金一般會從現金銷售及回收應收賬款中入手。侵吞現金銷貨收入的方法一般乾脆不予入賬，或是以低於實際銷貨收入的數額入賬，如賣了 80 元，說只賣了 60 元，其中 20 元就入個人腰包了。在一些小型僱員極少且缺乏會計制度的私營企業中，這方面問題較嚴重。

　　它們可以採取的「鐵腕」控制手段：

　　銷售員與出納共同參與每筆交易，銷貨員開發票，客戶將發票並隨同貨款交出納入收訖，出納再給發票蓋章，這個人工費用在一般情況下是能省的，隨便去商店看一下，就可以知道這種工作流程；

　　使用收銀機並記錄現金銷貨交易，這也是一種解決方法，但這種方法的漏洞在於客戶需發票或紙帶時，收銀員就有機會了，因此

應配之以鼓勵顧客索取發票或收銀紙帶。

　　第二，從應收賬款回收現金環節存在的舞弊方式主要有：

- 挪用貨款後，拆東牆補西牆，例如業務員挪用 A 企業貨款後，將 B 企業貨款說成延遲收到的 A 企業貨款，把 C 企業的貨款說成 B 企業延遲收到的貨款。等無「東牆」可補時，業務員往往給企業帶來了極大的損失；
- 在賒銷時少記銷貨金額，但開具足額的應收款項向客戶收款；
- 貪污現金，修改銀行現金餘額調節表；
- 偷取企業匯款單，取款後不入賬；

　　收到應收賬款不入賬，直接修改應收賬款記錄。這時的控制手段如下：

- 收款員收到貨款後立即入賬，企業設專人（最好不與收款員同一部門）不定期核對客戶積欠的貨款；
- 鼓勵客戶使用轉賬支票付款；
- 由出納現金記賬員之外的專人拆收寄來的支票、匯款單，並編制現金收入清單；
- 每天的現金收入超過寄存現金限額的多餘部份，當日送到銀行存起來；
- 不讓現金收入記賬員同時記錄總賬、應收賬款，應收票據等賬產；
- 銷貨發票的簽發、記賬、編制現金收入清單、現金的報銷、送存銀行等業務員，盡可能地由不同人員擔任。

　　第三，現金支出的薄弱環節及控制現金支出的薄弱環節主要有三個：

- 偽造支票和修改支票金額，這種作法往往是避開了正常的授

權和核准程序並偽造印章或偷蓋印章；

・盜用支票或現金，然後故意將現金支付日記簿加錯，造成人為誤差；

・違規與供應商勾結，收回扣；

第四，竊取支付給他人的現金或支票；

這個方法常用的辦法是偽造應付賬款的客戶名，或重覆使用報銷單據，或未領的工資股利；

應該指出，在現金支出舞弊中，違規多收回扣這種方法是最防不勝防的。這時的「鐵腕」控制手段是：

・指定保管現金及記賬之外的專人定期編制銀行現金餘額調節表；

・支票授權程序應非常嚴格，最好應經兩位以上主管簽章才生效；

・儘量以轉賬支票付款；

・單據未經專人核准後不得付款；

・誤開的支票應立即蓋「作廢章」並嚴格保管，不得隨意丟棄。

七、資金的預算編制流程

(一)各部門編制部門資金費用申報表。

(二)各部門匯總後編制月份收支資金預算表，報財務部審核，總經理審批後執行。(三)各部門根據審批後的資金收支預算表向財務部門申請領用支票。

(四)財務部門編制費用總賬和明細賬以及限額費用使用手冊。

(五)預算的執行和控制。對每一筆支出，需要財務人員填制憑

證，同時，經手人都必須填寫「申請領用支票及申請付款工作聯繫單」，控制成本費用的發生。

(六)預算調整。各部門要求追加用款時要填寫「月度用款追加計畫申請表」，總經理審批通過後，方可加入預算範圍內。

(七)財務部門根據資金使用總賬和明細賬編制資金實際使用匯總表。

(八)預算的考評。月末對限額費用使用手冊進行匯總，得到資金費用使用匯總表，隨後將匯總表和預算進行比較，找出兩者的差異，並進一步分析差異形成的原因，報財務總監審核，總經理辦公會議審核。

📢 第二節　資金主管的工作內容

一、資金主管的主要工作內容

1. 嚴格遵守財務管理制度，忠於職守，堅持原則，工作認真，鑽研業務，嚴格管理，團結協作；

2. 負責財務部資金運作方面的管理與操作；

3. 負責全企業的現金和轉賬票據的收付工作，當天收入的現金和轉賬票據要在當天下午下班前送往銀行，不得積壓和延遲；

4. 按規定結出每天借款發生額累計總數和當天餘額，並做到日清日結；

5. 每月核對銀行對帳單，並做出「未到賬調整表」，調整賬目，與總分類賬核對；

6. 管理和督導日常的外幣兌換儲蓄業務，包括對每個員工具體的檢查、督導、培訓，發現問題及時向財務部經理彙報；

7. 每天根據賬簿的發生額和餘額，編制「現金及銀行存款收付日報表」，送財務部經理審閱；

8. 對辦理報銷的單據，除按會計審查程式重新審核外，還須經財務部經理審批後才予付款，凡不按規定程式簽批的單據，一律拒絕付款；

9. 嚴格遵守現金管理制度和支票使用制度，庫存現金按規定限額執行，不得挪用庫存現金，不得以白條抵庫；

10. 嚴格執行外匯管理制度，不得違章代辦兌換手續，也不得私自套換外幣；

11. 與銀行外匯管理部門聯繫，辦理有關結算事項，承擔出國人員外匯領取的有關手續事頊；

12. 抽查各部門出納員的庫存現金和各收款員、售貨員的業務周轉金，並做出檢查報告呈報經理審閱；

13. 做好每天的業務預測，以準備足夠的備用金，必要時向經理提供資料，申請暫借備用金；

14. 不定期檢查各出納員的尾箱庫存，確保錢賬相符；

15. 嚴格遵守企業各項規章制度，以身作則，帶領所屬員工努力做好財務工作，並加強對所屬員工的業務培訓，提高業務工作水準和工作品質。

二、資金管理員主要工作內容

1. 填制和管理企業的記賬憑證，負責辦理銀行貸款、還款及調

匯業務；2.負責企業管理企業大筆拆借款賬務處理，並負責催收本息；

3.負責催收、清理銀行撥付的各項往來賬款，對長期欠賬戶要查明原因，及時採取措施；

4.按月認真核查所管帳戶發生金額的正確性，發現問題及時予以解決；

5.加強對固定資產和流動資金的日常管理，及時掌握流動資金的使用和周轉情況，定期向部門主管彙報工作情況；

6.每季與固定資產保管員核對賬目、實物，做到賬賬、賬物相符，若發現問題，應查明原因，及時解決；

7.以上月各營業部門收入為基數，每月按規定計提和交納各種稅金，並報送有關稅 務表格。

🔊)) 第三節　貨幣資金管理規範化制度

為加強對公司系統內資金使用的監督和管理，加速資金週轉，提高資金利用率，保證資金安全，特制定本規定。

一、要預知資金增減的可能變化

某些企業，從表面上看起來運轉良好，貨物也暢銷，但突然之間破產，這常常是由於其沒有把握資金流動的特點。

有人會將資金流動理解為財務部人員的事，如果財務人員能做好資金調度，公司就不會出現資金緊張，這種看法不可取。商品的

生產、銷售和中間的各個環節都要靠企業各部門共同協調。如果生產部門出了問題，銷售部門就難以完成任務；若銷售部門不景氣，貨物積壓，就難以取得充足資金使生產部門運轉。資金流動和整個企業的生產、銷售流動密不可分。

　　從銷售部門角度看，其銷售量若有增加，往往會認為現金回流增加，而生產部門認為生產量增加必引導收入增加，而在票據兌現以前企業周轉現金必會因增加產量投入過高而導致不足，若此時發生資金困境是可以理解的，本文開頭所說的例子就可以作此解釋，往往經營良好的企業在擴大經營規模時因資金不足導致「技術性破產」。從財務部門看，若產量和銷售量增加，產生短期內應付票據增加，長期應收票據增加，從而使短期資金出現不足現象。在這種情況下，就要增加流動資產，或者增加籌資能力。

　　若銷售量減少，商品不適銷，或者銷售部門付出努力不足，導致庫存增加，則表現在財務上會出現應收款項減少的趨勢；若保持生產額度不變，相同情況下，也會出現資金周轉困難；若生產額度縮小，則會出現整個企業的生產規模下降趨勢。

　　牽一髮而動全身，許多企業都只重視企業的財務部門，這不是因為財務部門比其他部門重要，而是因為財務部門的賬目可以表現出各部門的經營運行狀況。企業作為一個

　　整體，各部門連動性很強，財務上出問題往往不是或不僅是財務部門的原因，而是其他部門的原因。因為資金流動具有這些特點，我們可以據此判斷資金的增減。合理逃避風險。

　　一般來說。每個企業都有大部分固定的往來客戶，其付款日期基本上全固定在每月的某幾日，公司的業務員可按時去收賬；如果用票據，就轉入銀行帳戶，大體也是每個月的固定日期。就支出方

面看，進貨支出一般也會固定在某幾日，發給職員的工資，也占支出金額的很大一部分，此外，水電費、稅款也在固定的日期交付。這些款項的運轉，月月是如此，一般不會有很大的變動，通過觀察這些固定款項的運轉規律，可以幫助我們預知企業資金的增減時日。但這些款項在金額上也會有增減，為了強化資金周轉，有必要瞭解公司收入、支出情況。我們以一個普通公司為例介紹對照收入支出款項交結日期，如果自己公司付款日和向客戶的收款日在同一天，資金周轉就比較簡單。事實上，付款日往往集中在某幾天，而收款日常常不定，所以在收款取得以前，如果不提前準備好資金，就無法應付支出。相反，若付款日遲於收款日，每次收款大體能抵下次付款，則可輕鬆應付資金周轉，將本月的資金變化同資金計畫相對照就可提前獲取資金增減的資訊。

二、現金及有價證券業務處理流程

第 1 條：本公司所屬機構現金及有價證券的管理，除法令另有規定外，悉依本程序的規定辦理。

第 2 條：所稱現金系指庫存現金、銀行存款、即期支票及到期票據而言。

第 3 條：所稱有價證券系指政府債券、公司債券及公司股票而言。

第 4 條：所稱現金及有價證券的會計業務，系指現金預算、現金支出、有價證券收付、登記報告等事項。

第 5 條：各機構有關現金及有價證券的出納，保管與移轉事務應由出納部份辦理。

第 6 條：各機構的現金，除供日常零星支付所需定額的庫存現金外，均應存入銀行。

第 7 條：各機構的各項收入，外幣部份應存入政府指定的銀行，有價證券應由總機構集中管理。

第 8 條：各機構的庫存現金及有價證券應由會計部門負責隨時或定期派員抽查盤點。

第 9 條：各機構因資金運用，購入政府債券。購入公司股票應報請總公司核准後辦理債券及其他公司股票者簽報，由公司集中保管。

第 10 條：各行庫的銀行支票，應由其負責人或其授權人、主辦會計人員、主辦出納人員，會同蓋章。

第 11 條：現金的支出，應由會計部門編列預算，切實執行，如因事實需要必須變更時，須由會計部門主管簽請總經理核准修正。

第 12 條：現金預算應力求配合業務部門的需要，以使財力經濟有效運用為原則，並分為年度預算及分期或分月預算。

第 13 條：現金預算，依業務計劃、固定資產建設改良及擴充計劃舉債及償債計劃、資金週轉投資計劃、資金調度計劃及盈餘的分配等編制。

第 14 條：每期或每月終了，應將現金實際收支數與預算數，分析比較，列報有關財務的調度的層級主管參考。

第 15 條：出納部門應根據會計部門合法的收支傳票執行收付，但下列各項不在此限。

（一）營業收入，收款時，由業務部門指定專人辦理收款及報解事宜。

（二）凡情況特殊來不及由會計部門編送收入傳票時，得先由

出納部門執行收款，收款當日即送會計部門，據以補編收入傳票，完成收款程序。

第 16 條：出納部門執行收款時，應查核，其須發給統一發票或收據者有無具備，才能收款。付款時，其須取得收據者，應向收款人索取後始得給付款項，並在憑證上加蓋「付訖」章。

第 17 條：出納部門對於付款不得故意拖延，如無正當理由不得超過 3 天，除對員工的薪、工、旅費，公務上的借款或內部報銷及對外付款在 1000 元以下的小額款項外，應開發抬頭劃線支票，其金額滿 1 萬元者，除抬頭劃線外，並註明「本票據禁止背書轉讓」字樣。

第 18 條：出納部門收入的支票，經銀行交換入戶者，方得視為「收訖」，收入的支票發生退票時，應由出納部門根據銀行退票理由單通知業務部門或經辦部門向債務人催收，並通知審計部門處理。開出的支票如尚未交付受款人，不得視為「付訖」。

第 19 條：出納部門對收支傳票屆滿兩週，尚無法執行收付時，應通知會計部門處理。

第 20 條：出納部門將付款支票層送各級主管蓋章時，應檢附有關的支出傳票，並於傳票上註明銀行存透帳號、支票號碼及支付金額。

第 21 條：凡將 A 銀行存款提存 B 銀行，或將銀行存款提還透借戶，或由銀行存款戶中提補庫存現金時，均應經負責財務調度主管核准後，由出納部門填單，或書面通知會計部門，編制記賬憑證後予以辦理。

第 22 條：出納部門對各項有價證券，應根據合法的記賬憑證執行收付，如因情況特殊，先由出納部門根據核准檔直接收付時應立

即填單或書面通知會計部門補編記賬憑證。記賬憑證經執行收付後，收付有價證券人員及主管出納人員，應於記賬憑證上簽章，以示收訖或付訖。

第 23 條：出納人員收到各項有價證券，以存放銀行保險箱保管為原則。關於銀行保險箱開啟的印鑑，應由各機構負責人或其授權人、主辦會計人員、主辦出納人員會同蓋章。

第 24 條：出納部門應隨時注意各項有價證券到期日期，按期兌取本息後，即填單或書面通知會計部門，編制記賬憑證。

第 25 條：出納部門，每日收支完畢，登記「現金簿」、「銀行存透明細賬」後，應編制「現金及銀行存款日報表」，連同該日收支傳票，於翌日送會計部門。

第 26 條：銀行對帳單應直接送會計部門核對，並編制調節表。

第 27 條：總公司及所屬機構有關部門，視其業務需要，得呈准設置週轉金，其金額由各有關部門會同會計部門報請總經理核定。

第 28 條：週轉金的動用得由各部門主管核定。

第 29 條：經管週轉金的部份，應設置週轉金收支登記單，根據原始憑證登記。

第 30 條：週轉金的支出，以原設置目的範圍為限，不得作其他用途。

第 31 條：週轉金於年終時應一次退回會計部門，必要時於翌年再向會計部門續借。

第 32 條：週轉金的經營情況，應由會計部門不定期派員檢查，並將檢查結果簽報主管核閱。

第 33 條：經管週轉金人員，應盡管理職責，如因怠忽職守而致公司蒙受損失，應負賠償責任，有關主管人員並受連帶處分。

第 34 條：週轉金如奉總公司之命令撤銷時，原請領部門應將週轉金立即繳回。

第 35 條：凡辦理現金票據及有價證券的出納及保管人員，應遵守下列各項規定：

（一）應由編制內正式職員充任，不得由試用人員或工人辦理。

（二）不得兼任福利、工會機構有關會計、財務及主計等職務。

第 36 條：經管現金、票據及有價證券人員應盡管理之責，如因疏忽職守而致公司蒙受損失時，應負賠償責任，有關主管人員並受連帶處分，如有挪用庫存、侵佔公款等不法行為者，除要求賠償，依法追究辦理外，其直接主管並應受連帶處分。

三、資金管理規範化制度

第 1 條：資金管理由財務部負責管理，在財務總監領導下，辦理各二級公司以及公司內部獨立單位的結算、貸款、外匯調劑和資金管理工作。

第 2 條：結算中心具有管理和服務的雙重職能。與下屬公司在資金管理工作中是監督與被監督、管理與被管理的關係，在結算業務中是服務與被服務的客戶關係。

第 3 條：借款和擔保限額。集團內各二級公司應在每年年初根據董事會下達的利潤任務編制資金計劃，報財務部，財務部根據公司的年度任務、經營發展規劃、資金來源以及各二級的資金效益狀況進行綜合平衡後，編制總公司及二級公司定額借款，全部借款的最高限額以及為二級公司信用擔保的最高限額，報董事會審批後下達執行。年度中，財務部將嚴格按照限額計劃控制各二級公司借款

規模，如因經營發展、貸款或擔保超出限額，應專題報告說明資金超限額的原因，以及新增資金的投向、投量和使用效益，經財務部審查核實後，提出意見，報財務部，經董事會審批追加。

第 4 條：公司內各二級公司除在附近銀行保留一個存款戶，辦理小額零星結算外，必須在財務部開設存款帳戶，辦理各種結算業務，在財務部的結算量和旬末、月末餘額的比例不得低於 80%，10萬元以上的大額款項支付必須在財務部辦理。特殊情況需專題報告，經批准後，方可保留其他銀行結算業務。

第 5 條：集團內借款的審批

（一）凡集團內借款金額在萬元以內的，由財務部審查同意後，報財務總監審批。

（二）借款金額在萬元以上的，由財務部審查，財務總監加簽同意後報董事長審批。

第 6 條：擔保的審批

（一）各二級公司向銀行借款需要總公司擔保時，擔保額在萬元以下的，由財務總監審批。

（二）擔保由財務總監核准，董事長審批。

（三）擔保一律由董事長審批，並經董事長辦公會議通過。借款擔保審批後，由財務部辦理具體手續。

（四）對外擔保，由財務部審核，財務總監和總裁加簽後報董事長審批。

第 7 條：領用空白支票

（一）在財務部辦理結算業務時，可以向財務部領用空白支票，每次領用數量不得超過 10 張，每張空白支票限額不得超過萬元。

（二）領用空白支票時，必須在財務部有充足的存款。

第 8 條：外匯調劑

集團內各二級公司的外匯調劑由財務部統一辦理，特殊情況需自行調劑的，一律報財務部審批，審批同意後，方可自行辦理。

第 9 條：利息的減免

（一）凡需要減免集團內借款利息，金額在＿＿＿元以內的，由財務部審查同意，報財務總監審批。

（二）金額超過＿＿＿＿元，必須落實彌補管道，並經分管副總經理加簽後，報董事長審批。

第 10 條：財務部以資金的安全性、效益性、流動性為中心，定期開展以下資金檢查和管理工作，並根據檢查情況，定期向總經理、董事長專題報告。

（一）定期檢查各二級公司的現金庫存狀況。

（二）定期檢查各二級公司的資金的結算情況。

（三）定期檢查各二級公司在銀行存款和在財務部存款的對賬工作。

（四）對二級公司在資金部匯出的萬元以上大額款項進行跟蹤檢查或抽查。

第 11 條：各二級公司必須在每月 1 日內向財務部報送旬末在銀行存款、借款、結算業務統計表，財務部匯總後於每月 2 日內報總經理、董事長。財務部要及時掌握銀行存款餘額，並且每兩天向財務總監報一次存款餘額表。

四、支票管理制度範本

第 1 條：所有未用完的支票，必須於當日交回財會部門註銷，

以防止支票丟失或被盜。

第 2 條：所有支票的使用必須貫徹隨簽發、隨蓋章的原則，不得事先蓋章備用，以防防支票遺失和被盜。

第 3 條：財務部門必須設專人負責保管空白支票和支票印鑑。

第 4 條：所有的支票的購買及使用工作必須由專人負責，並建立支票登記本，按照支票號碼逐一進行登記。

第 5 條：財務工作人員對已簽發出的支票，要及時催報註銷，並定期核對。如在核對時發現丟失短少，必須及時查找，同時向主管彙報。

第 6 條：所有人員在借用支票時一般不超過兩張，如有特殊情況必須徵得部門主管及財務經理的共同認可，但最多不得超過五張。

第 7 條：所有已用的支票應於當日將支票存根和原始憑證一併交回財會部門，如有遇特殊情況必須徵得部門主管及財務經理的共同認可，但在三天內必須報賬。

第 8 條：財會部門對借出的支票必須行使隨時督促報賬的義務，在接到交回的支票存根時，要及時核對號碼並註銷。

第 9 條：所有人員必須妥善保管所借支票，不得隨便亂改。保管和簽發支票要按規定辦理，否則發生支票丟失而使公司遭受損失的，要追究當事人的責任，並根據情況賠償部份或全部損失。如有故意更改支票謀求私利者，公司將視情況追究其刑事責任。

第 10 條：所有人員在支票使用過程中一旦發現支票丟失或被盜，應及時向公司彙報，並且迅速到銀行辦理掛失手續，在最小限度內減少損失。

第 11 條：所有支票在簽發時，用途項內容要填寫要真實，齊全，字跡要清晰，不得更改大小寫金額。

第 12 條：財務人員在支票管理工作中嚴禁有以下情況出現，如一旦發現，將堅決追究當事人責任：

1. 簽發空頭支票；

2. 簽發遠期或空期支票；

3. 將支票出租、出借或轉讓給其他單位和個人使用；

4. 將支票做抵押；

5. 簽發印鑑不全、印鑑不符的支票。

第 13 條：所有支票金額起點為 100 元。

第 14 條：所有支票支票有效期五天，背書轉讓地區的轉賬支票付款期為 15 天（自簽發的次日算起，到期日遇假日順延）。

第 15 條：所有支票在簽發時應使用碳素墨水填寫，沒有按規定填寫，被塗改冒領的，由此而造成公司損失的，由簽發人負責。

第 16 條：所有支票在使用過程中不得更改大小寫金額和收款人姓名，其他內容如有更改，必須由簽發人加蓋並預留銀行印鑑。

第 17 條：過期、作廢支票要按號訂在原始憑證序號中，妥善保管，不準將支票亂扔亂放。

第 18 條：所有人員在領用支票時應事先將支票登記好，填寫收款單位、支票用途、支票號碼、預計用款金額等，由經手人在掛支單上簽字或蓋章，同時逐項登記日期、支票號碼、款項用途、用款限額，並由借用人簽字。財務人員在簽發支票時，必須填寫好日期、抬頭、用途，金額大、小寫，遇有特殊情況，也必須填寫日期、抬頭用途。

第 19 條：公司採購事項處理中，財務人員應根據採購員提出的進貨品種、數量，按照採購許可權，確定資金使用限額，採購員必須在規定的資金限額內嚴格掌握使用。遇到特殊情況需要超過使用

限額時，要事先與財務人員聯繫，經財務人員同意後才能使用。否則造成銀行「空額」影響用款或發生銀行罰款時，由使用人負責。

第 20 條：採購員採購商品回到公司後，應持供貨單位發貨票按核算組填制掛支單（掛支單必須按規定的內容填寫），並於當日進行清理，由於客觀原因當日不能掛支時，應及時向財務人員報告實際使用數額，以便掌握資金。「使用限額」當日有效。如當日未能使用而次日需繼續使用時，須與財務人員重新研究確定限額。

第 21 條：支票開好後，採購員必須將存根數位和支票票面數位核對相符。支票存根必須按規定填寫單位名稱、金額、款項用途。

第 22 條：公司營業部財務人員要及時清理掛支，督促營業部門及時轉賬（本市不得超過 5 天，外埠不得超過 15 天），發現逾期掛支時，要及時查詢，發現問題及時上報。

第 23 條：支票的「退票通知書」由信用科填發，業務人員收到後應先行核對並於 3 日內將回執聯填妥後寄信用科。

第 24 條：業務人員收到退票通知書後應於 15 日內（客票應即時）前往洽收，並將結果填寫「退票洽收報告」寄回信用科，否則若發生問題，概由業務人員負責，如因未能如期洽收，應先函告信用科並說明擬往洽收的日期，以確保時效，維護企業的權益。

第 25 條：退票洽收若系換票，新開的票期不得超過退票通知書填發日期 45 天，否則計算收款成績時，扣減該票金額的 80%，超過 75 天則扣減 100%。

五、發票管理制度範本

第 1 條：本公司為加強發票和資金往來專用發票的管理，結合

企業具體情況，制定本制度。

第 2 條：根據業務需要，所需要發票和資金往來專用發票由行政部向稅務部門提出中請，編制購買計劃，憑稅務部門核發的「發票和資金往來專用票購領憑單」，到稅務部門購買。

第 3 條：各部門對發票實行專人管理，領取發票由專人負責，責任到人，財務部設發票管理台帳，由領用人簽字。

第 4 條：不准轉借、轉讓發票：發票只准本單位的開票人按規定用途使用。

第 5 條：發票啟用前，應先清點，如有缺聯、少份、缺號、錯號等問題，應整本退回。

第 6 條：填開發票時，應按順序號，全份複寫，並蓋單位發票印章。各欄目內容應填寫真實、完整，包括客戶名稱、項目、數量、單位、金額。未填寫的大寫金額單位應劃上「0」符號封項；作廢的發票應整份保存，並註明「作廢」字樣。

第 7 條：購買、自印、發出時，要對數並按號碼順序登記，以便備查。按季向所在稅務部門報送「企業使用發貨票和資金往來專用發票情況報表」。

第 8 條：企業會計組對營業部門使用的發票，要核定固定本數，原則上每個營業部門一本，並以舊發票到會計室換取新發票。

第 9 條：嚴禁超範圍或攜往外市使用發票；嚴禁偽造、塗改、撕毀、挖補、轉借、代開、買賣、拆本和單聯填寫。

第 10 條：開具發票後，如發生銷貨退回情況需開紅字發票的，必須收回原發票，並註明「作廢」字樣或取得對方有效證明。

第 11 條：使用發票的部門和個人應妥善保管發票，不得丟失；如發票丟失，應於丟失當日用書面報告財務部，再由財務部上報處

理。

第 12 條：如因發票管理不善而發生稅務部門罰款，公司將直接追究有關部門和人員的經濟責任。

六、現金收支管理辦法

第 1 條：「現金收支表」上的收入金額，是指由財務部匯人各單位銀行帳戶內的金額，支出金額則僅指各單位的費用。各單位應支付的一切費用，包括可控制費用與不可控制費用，均應自財務部匯入之金額中支付。

第 2 條：各單位的可控制費用統一於每月月底前由財務部就下月份各單位的費用概算一次（必要時得分次）匯入各單位的銀行帳戶內備支。

第 3 條：各單位的收入款填除財務部匯入的款項外，一律不得自行挪用單位內收回的應收賬款（包括現金及支票收回的應收賬款），應依賬款管理辦法的規定，悉數寄回總公司財務部。

第 4 條：現金收支旬報表的填寫應一次複寫兩聯，第一聯於每旬第 1 日（即每月 1 日、11 日、21 日）中午以前就上旬收支逐項編制妥，連同費用科目的正式收據或憑單呈單位主管簽核後，以限時轉送寄送財務部；第二聯由各單位自行匯訂成冊，作為費用明細賬，並憑此於月底當天填制「費用預算分析表」。

第 5 條：現金收支旬報表上的編號系指費用的筆項而言，採每月一次連系編號方式，月內的每月編號應相互銜接並連續編至當月月底止，次月一日再行重新編號。

第 6 條：現金收支旬報表上科目欄中類別的填寫，系指依所發

生的各項費用其分屬類別，分別以「營」或「服」或「管」等字表示，其性質的區分如下：

1.營業費用：凡屬營業人員（包括營業主任及外務人員）所發生費用。

2.服務費用：凡屬服務人員（包括服務主任及服務人員）所發生的費用。

3.管理費用：凡營業及服務費用外所發生的費用屬之。

第 7 條：現金收支旬報表上科目欄中的「名稱」系指各項費用的科目名稱，其明細如下：

1.營業費用：即營業人員（包括營業主任及外務員）所發生的下列諸費。

⑴汽車諸費：營業人員汽油、機油、過橋費、寄車費等。

⑵旅費：營業人員計程車資及營業員因業務之需所付的差旅費。

⑶公共關係：凡營業人員因業務上應酬所需支付者。

⑷薪工津貼：營業人員薪資（包括本薪、機車津貼、交際津貼、成交獎金、各項加給及值班費等）。

⑸壞賬：賬款尾數無法收回，或倒賬公司損失。

⑹名片：營業人員所印名片。

2.服務費用：即服務人員（包括服務主任及服務員）所發生下列諸費。

⑴汽車諸費：服務人員所支之汽油、機油、過橋費、寄車費等。

⑵旅費：服務人員所支之計程車資及服務人員因服務的需要所支的差旅費。

⑶公共關係：服務人員因服務上的需要所支的交際費。

⑷薪工津貼：服務全體同仁的薪資皆屬之（包括本薪、機車津

貼、績效獎金、加給及值班費等）。

　　⑸壞賬：賬款尾數無法收回者。

　　⑹名片：服務全體同仁所印的名片。

　　⑺工具：單價在 100 元以下者的工具費。

　3.管理費用：即營業費用及服務費用外所發生的費用。

　　⑴汽車諸費：營業人員及服務人員外所支付的汽油、機油。

　　⑵旅費：營業人員及服務人員外所支付的計程車資或出差旅費。

　　⑶運費：裝載貨物所支付的費用。

　　⑷文具用品：購買日常所用的文具紙張等所支費用。

　　⑸清潔費用：僱傭清潔公司打蠟所支的費用及其它費用。

　　⑹郵票：郵寄函件及包裹的郵資及購郵票等所支費用。

　　⑺電話費：業務上的長途電話及市區電話費用。

　　⑻電報費：因業務上的需要而拍發電報所支費用。

　　⑼電力費：用電所支付的費用。

　　⑽自來水費：用自來水所支付的費用。

　　⑾修理費：汽車修理及保養費等。

　　⑿人事廣告費：刊登招員啟事等所支費用。

　　⒀報章雜誌：訂閱報章雜誌所支付的費用。

　　⒁固定薪資：營業人員及服務人員外的薪資。

　　⒂公共關係：營業人員及服務人員外所支付的交際費。

　　⒃租金支出：房屋的租金。

　　⒄稅捐：支付營業印花稅。

　　⒅其他變動費用：未能列入該分類科目的費用。

　　第 8 條：上述所列項目，會計員應按其性質區分（即營業費用、服務費用、管理費用等）妥予分類報支，不得相互混淆。

第 9 條：各單位與總公司間如有代收或代支事項發生時一律以「內部聯絡函」聯繫之，其作業規定如下：

1.各單位代總公司或其他分公司收款時應於收款的當日以「內部聯絡函」述明代何單位收款，代收現金應先換購匯票，若代收票據須註明代收票據內容，並連同票據一起寄送總公司財務部，由財務部負責通知被代收單位入賬的同時將入賬情形回覆代收單位。

2.被代收單位接獲財務部的通知時，應即於當天的「收款及成交獎金明細表」上加入該筆賬款，增加其收款總額，並將入賬情形回覆財務部。

3.各單位代總公司支付款項時（如押標金、許可權內購入的生財器具及服務部汽油或單價在 100 元以上的工具、油墨等）不得記入現金收支旬報表，唯應另行備忘登記，應於每旬寄「現金收支旬報表」時，另以內部往來聯絡函將所代支的款項明細及總額述明後連同單據一併寄送總公司財務部，由財務部憑以匯入該筆款項。若為緊急代支事項必須立即處理時，除以電話通知財務部電匯處理外，仍應填具「內部往來聯絡函」述明以資憑證。

4.總公司代各單位支付費用款項時，（如預付房租等）應由財務部於每月 25 日前以聯絡函通知被代支單位依虛收虛付方式在其「現金收支旬報表」上的「收入金額」欄內徑行加入該筆款項同時在「支付金額」欄內，直接登入該筆費用款項以增加帳面的收入金額與費用金額。

第 10 條：各單位全體員工的借支總額在 3000 元以內者，得經單位主管核准後由首存現金中先行借支，並限於每月 10 日發薪時一次扣回，其借支總額超過 3000 元者，應依權責劃分逐筆項目報備核准後，始得由財務部匯寄支付。

　　第 11 條：每月月底當天，各單位會計員應憑留存之當月份該單位「現金收支旬報表」，依費用類別分別統計其當月份各項費用的總額，詳填於「費用預算分析表」中呈單位主管，就費用中的各項費用其實際與預算的差異詳加分析。

　　第 12 條：「費用預算分析表」一式兩聯，各單位應於每月 3 日前將此表（兩聯一起）連同「直線單位經營績效評核表」一併寄送總公司業務部，由業務部據以查核與「直線單位績效評核表」所填的費用數字無誤後，即轉送財務部復核並呈具所屬副總經理填具總評後，第一聯由財務部留存，據以分析全公司費用差異，第二聯寄回各單位存查。

　　第 13 條：「費用預算分析表」上的費用率系指當月份的費用與營業額的百分比，「本月費用預算」一欄之計算公式如下：

　　1.本月「營業費用」預算＝上月營業費用×（1±本月營業收入成長率）

　　2.本月「服務費用」預算＝上月服務費用×（1±本月服務收入成長率）

　　3.本月「管理費用」預算：上月管理費用×（1±本月營業及服務總收入成長率×20%）

　　第 14 條：有關零用金的設置劃分如下：

　　1.公司本部由財務部負責各單位的零星支付。

　　2.工地總務組負責設置零用金管理人員，盡可能由原有辦理總務人員兼辦，必要時再行研討設置專人辦理。

　　第 15 條：零用金額暫定工地每月經常保持 5 萬元，將來視實際狀況或減或增，再行研辦。

　　第 16 條：零用金借支程序如下：

1. 各單位零星費用開支,如需預備現金,應填具「零用金借(還)款通知單」,交零用金管理人員,即憑單支給現金。

2. 零用金之暫支不得超過 1000 元,特別事故者應由企業部門經理核准。

3. 零用金的借支,經手人應於一週內取得正式發票或收據,加蓋經手人與主管的費用章後,交零用金管理人沖轉借支。如超過一週尚未辦理沖轉手續且將該款轉入經手人私人借支戶,並於當月發薪時一次扣還。

第 17 條:零用金保管及作業程序如下:

1. 零用金的收支應設立零用金帳戶,並編制收支日報送呈經理核閱。

2. 零用金每週應將收到的發票或收據,編制零用支出傳票結報一次,送交財務部。

3. 財務部收到零用金支出傳票後,應於當天即行付款,以期保持零用金總額與週轉。

4. 財務部收到零用金支付傳票,補足零用金後,如發現所附單據有疑問,可直接通知各部門經手人辦理補正手續,如經手人延擱不辦的照有關規定辦理。

5. 零用金帳戶應逐月清結。

第 18 條:零用金應由保管人出具保管收據,存財務部。如有短少概由保管人員負責賠償。

七、提取現金的工作細則

當業務需要現金使用時,出納應該按照有關規定到開戶銀行提

取現金。取款的工作細則如下：

1. 填寫現金支票。

現金支票的填寫要求是：

⑴必須使用碳素墨水或藍黑墨水用鋼筆填寫；

⑵嚴格按照支票排定的號碼順序填寫；

⑶書寫要認真，不能潦草；

⑷將實際出票日期作為簽發日期；

⑸堅決杜絕補填或預填日期行為；

⑹收款人姓名必須與印鑑名稱一致；

⑺在填寫金額時如有錯誤，不能作出塗改，應作廢重填；

⑻在用途欄中如實填寫；

⑼簽章必須與銀行預留印鑑相符；

⑽支票背面要有取款單位或取款人背書。

2. 填制取款憑證並向開戶銀行視窗提交。取款人持現金支票到開戶銀行後，向開戶銀

3. 銀行受理後，領取領款對號單或號牌。

4. 持領款對號單或號牌到銀行出納視窗領取現金。

5. 認真清點所領取現金，核對無誤後離開。

6. 應及時將現金存入保險櫃內。

7. 編制記賬憑證。

8. 根據審核無誤的記賬憑證登記現金日記賬。

八、現金盤點制度範本

第 1 條：本公司財務部在現金盤點前，必須由出納員將現金集

中起來存入保險櫃。

　　第 2 條：出納員編制「庫存現金盤點報告表」必須根據現金實存數，同時分幣種面值列示盤點金額。

　　第 3 條：在盤點保險櫃的現金實存數的同時編制「庫存現金盤點報告表」，分幣種面值列示盤點金額。

　　第 4 條：日後盤點資產負債表時，應調整至資產負債表日的金額。

　　第 5 條：核對盤點金額與現金日記賬餘額，如有差異，應查明原因，並作出記錄或適當調整。

　　第 6 條：在盤點過程中如發現沖抵庫存現金的借條、未提現支票、未作報銷的原始憑證，應在「庫存現金盤點報告表」中註明或作出必要的調整。

九、財產盤點制度範本

　　第 1 條：盤點範圍包括現金、票據、有價證券、材料、在製品、製成品、外協加工料品、寄存品、代加工料品、寄庫品、下腳品及固定資產等。

　　第 2 條：固定資產的盤點應依據「固定資產管理規則」辦理，其餘各項，悉依本準則辦理。

　　第 3 條：會計部門每月抽點，抽點百分比以一年一週轉為度。

　　第 4 條：為辦理盤點，應設置盤點人、會點人、協點人及監點人。

　　（一）盤點人由財物經管部門提任，負責點計工作。

　　（二）會點人由會計部門或指派人員擔任，負責盤點紀錄。

（三）協點人由倉儲保管部門擔任，負責盤點時的料品搬運工作。

（四）監點人由各公司（總）經理室，總管理處總經理室視需要派員擔任，負責盤點監督。

（五）各廠處、經理室、總經理室應指定專人負責盤點籌畫，連絡等事宜。

第 5 條：經管部門將應盤點財物預先準備妥當，備妥盤點用具，並由會計部門準備盤點表格。

第 6 條：現金及有價證券應按類分別整理並列清單。

第 7 條：存貨的堆置，應求整齊集中，並置「標示牌」。

第 8 條：各項財物帳冊應於盤點前登載完畢，如因特殊原因無法完成時，應有會計部門將尚未入賬的有關單據，如繳庫單、領用單、交運單、收料單等，利用「結存調整表」一式二份，將帳面數調整至正確的帳面結存數。

第 9 條：盤點期間已收料而未辦妥手續者，應另行分開。

第 10 條：各公司（總）經理室應於簽呈（總）經理核准後，簽發「盤點通知」通知各有關部門準備盤點，並於盤點前 5 天將盤點計劃寄送總管理處總經理室，「盤點通知」應包含盤點日期，人員配置及注意事項。

第 11 條：盤點日期由各公司視存量及現場公休情況自定。

第 12 條：盤點期間除緊急用料外，應暫停收發料，盤點期間所需用料，應於盤點 3 天前辦理完畢。

第 13 條：年終盤點，原則上應採用全面盤點方式，如確因事實所限無法採行時，應簽呈總管理處總經理核准後始得改變方式進行。

第 14 條：盤點應儘量採用精確的計量器，避免用主觀的目測方

法，每項財物數量由雙方確定後，再繼續進行下一項，盤點後不得提出遺漏的異議。

第 15 條：盤點時由會點人依實際盤點數詳實紀錄「盤點統計表」一式二份，以黑色原珠筆複寫，並於盤點工作進行時編列流水號碼，由會點人與盤點人共同簽註姓名、時間，如有更改，應經雙方共同簽認。

第 16 條：經管部門應依據盤點所得的結存量彙編「盤存單」，一式二份，一份自存，一份送會點部門，核算盤點盈虧金額。

第 17 條：每月抽點由會計部門主辦，於簽呈（總）經理核准後辦理。

第 18 條：抽點日期及項目，以不預先通知經管部門為原則。

第 19 條：抽點時應會同經管部門共同辦理。

第 20 條：盤點前應由會計部門利用「結存調整表」將帳面數先行調整至盤點前正確的帳面結存數，再行盤點。

第 21 條：存貨紀錄採電腦報表控制者，應以收發存月（旬）報表為調整依據，如月（旬）報表不及附送者，應先填列「結存調整表」的調整欄，由抽點人員與經管人員共同簽章。

第 22 條：每月抽點仍應填列「盤點統計表」及「盤存單」。

第 23 條：液體及特定項目其範圍由各公司自訂。

第 24 條：由各公司（總）經理室或總管理處總經理室視實際需要，隨時指派人員抽點。

第 25 條：抽點時應會同經管部門及會計部門共同辦理。

第 26 條：抽點程序與每月抽點相同，但「盤點統計表」及「盤存單」應再複寫一份，交抽點人員。

第 27 條：會計部門應將「盤存單」的盈虧項目加計金額填列於

「盤點盈虧匯總表」及「項目別盤盈虧匯總表」各一式四份，送經
管部門填列差異原因的「說明」及「對策」後呈核，其中一份經由
最高主管簽註後轉送總管理處總經理室。每月抽點及不定期抽點，
應於盤點後 7 天內。將「盤點盈虧匯總表」一份送總管理處總經理
室。

第 28 條：會計部門應將盤點結果及發現的異常事項及建議，作
成「盤點報告」一式三份，經呈核後，一份連同「盤點盈虧匯總表」
及「項目別盤盈虧匯總表」於年終盤點後一個月內送總管理處總經
理室備查。

第 29 條：盤盈虧金額平時僅列入暫估科目，年終時始以淨額轉
入本期「營業外收入」的「盤點盈餘」或「營業外支出」的「盤點
虧損」。

第 30 條：各公司（總）經理室或會計部門，至少每月一次抽點
現金、票據及其他出納項目。

第 31 條：現金及票據的盤點，應於盤點當日上班未行收支前，
或當日下午結賬後舉行。

第 32 條：盤點前應先將現金櫃封鎖，並核對帳冊後開啟，由會
點人員與經管人員共同盤點。

第 33 條：會點人依實際盤點數詳實填列「現金盤點報告表」一
式四份，經雙方簽認後呈核准一份寄送總管理處總經理，寄送期限
依前述規定。

第 34 條：在製品的盤點以當月最末 1 日及次月 1 日舉行為原則。

第 35 條：在製品原則上採全面盤點，如因成本計算方式無須全
面盤點或實施上有困難者，應簽呈（總）經理核准後始得改變方式
進行。

第 36 條：在製品的完工程度及液態物品的溫度、比重的特性，各經管部門應制定盤點細則，以資遵循。

第 37 條：外協加工料品：由各外協加工料品經辦人員會同會計人員，必要時並應會同技術人員，共同赴外盤點，其盤存表一式三份，應由各外協廠商簽認。

第 38 條：寄存品：詳列品名、規格、數量、金額、寄存廠商、結存數量，由寄存廠商簽認。

第 39 條：代加工料品：詳列品名、規格、數量、代加工廠商，價值及結存數額，由代加工廠商簽認。

第 40 條：寄庫的成品：於盤點前全部清理出庫，其未能出庫者，應列明客戶名稱、品名、規格、原開統一發票號碼、數量及原因呈核。

第 41 條：銷貨退回的成品，應於盤點前辦理退貨手續，驗收及列賬。

第 42 條：營業借出的成品，應於盤點前全部收回，借條一概不予承認，如有特殊情況，應簽呈（總經理核准）。

第 43 條：寄存品、代加工料品、寄庫品的盤點，適用依據盤點經過編造「盤點報告」。

第 44 條：對外的合同應訂明隨時准予盤點及盤點盈虧的處理等條文。

第 45 條：本準則經總管理處總經理核准後實施，修改時亦同。

十、流動資金管理制度

第一條　流動資金既要保證需要又要節約使用，在保證按批准

計畫供應營業活動正常需要的前提下，以較少的佔用資金，取得較大的經濟效果。

　　第二條　要求各業務部門在編制流動資金計畫時，嚴格控制庫存商品，物料原材料的佔用資金不得超過比例規定，即經營總額與同期庫存的比例按 1：2 的規定。

　　第三條　超儲物資商品，除經批准為特殊儲備者外，原則上不得使用流動資金，只能壓縮超儲的商品、物料以減少佔用流動資金。

　　第四條　要嚴格遵守不得挪用流動資金進行基建工程的規定。

　　第五條　使用的基本要求

　⑴在符合國家政策和公司董事會、總經理的要求前提下，加速資金周轉，擴大經營，減少流動資金的佔用。

　⑵對商品資金的佔用，應本著勤儉節約的精神，儘量壓縮。

　⑶嚴格控制傢俱、用具的購置。

　⑷要加速委託銀行收款和應收款項的結算，減少對流動資金的佔用。

　⑸各業務部門每月上報經濟業務報表的同時，上報流動資金使用效率的實績，即流動資金周轉次數和流動資金周轉一次所需的天數。

第 5 章

財務部的資產管理

第一節　資產管理制度

一、有形資產管理工作內容

1. 管理公司的銀行開立帳戶情況，保證公司與銀行往來的賬務正確；

2. 制定企業的信用管理制度，研究企業客戶的信用情況，確定對戶的守信程度，並根據客戶信用的變化，不斷監督與調整相關策略；

3. 保證公司所有固定資產與帳面統一，隨時對固定資產帳面與實物一致性、可用性進行檢查核實；負責固定資產投資方案的制定與可行性分析；

4. 保證公司所有存貨與帳面一致，負責存貨最佳數量、訂貨的

分析與控制；5.保證投資對象的可行，預測投資風險與收益，提出投資方案。

二、無形資產的管理工作

　　無形資產指企業為生產商品提供勞務、出租給他人，或為管理目的而持有的、沒有實物形態的非貨幣性長期資產。

　　無形資產主要具有如下特徵：

　　⑴不具有實物形態；

　　⑵將在較長時期內為企業提供經濟利益；

　　⑶企業持有的目的是為了使用而不是出售；

　　⑷在為企業創造經濟利益方面存在較大不確定性。

　　無形資產主要包括：專利權、非專利技術、商標權、著作權、土地使用權、特許權及商譽等。

（一）專利權

　　專利權是指國家政府行政機關給予發明者對某一產品的造型、配方、結構、製造工藝或程式的發明創造擁有使用或轉讓的專門權利。專利權允許其持有者擁有獨家使用或控制的特權，但它並不保證一定能給持有者帶來經濟效益。有的專利可能無經濟價值或只有很小的經濟價值，有的專利可能會被另外更有經濟價值的專利所淘汰等。因此，財務主管在管理無形資產時明確一點，不能將企業所擁有的一切專利都予以資本化，只有那些能夠給企業帶來較大經濟價值的，並且企業為此做了支出的專利，才可作為無形資產進行管理。

(二)商標權

商標是用來辨認特定的商品或勞務的標記。商標權是指專門在某種指定的商品或產品上使用特定的名稱或圖案的權利。商標權及類似的商號標記等對消費者的接受具有重要的意義。一般來說，取得信譽卓著的商標權的商品或產品往往能使企業贏得大量顧客，並能獲得超額利潤。

(三)非專利技術

非專利技術又稱專有技術，是指持有人未申請專利或不夠專利的條件，不為外界所知的，能為企業帶來經濟效益的技術和製造工藝過程的秘密與各種訣竅。它和專利權一樣，也具有壟斷商品生產和銷售性質，但非專利技術不是專利法的保護物件，要依靠持有人自我保密的方式來維持其獨佔權，不具有有效期限，但可轉讓和用於投資

(四)土地使用權

土地使用權指企業經營者依法取得的在一定時期內使用土地的權利。在我國，土地歸國家所有，出資方不能用土地投資，只能用土地使用權進行投資，企業對土地只有使用權，沒有所有權。土地使用權具有以下特徵。

1. 在土地使用權的存續期內，其他任何人包括土地的所有人，不得任意收回土地和非法干預使用人的經濟活動。

2. 使用人在法定範圍內有在其擁有使用權的土地上進行建築、生產或其他活動的權利等。

（五）專營權

專營權是指企業獲准在一定區域內生產或銷售某種特定商標的產品及勞務的專有權利。它包括由政府授予的使用公有財產，或在一定區域內享有經營某種業務的獨佔權，以及其他企業根據合同授予的使用其商標、商號、專利權、非專利技術等的權利

（六）商譽

商譽通常是指企業由於所處地理位置優越或信譽卓著，獲得了客戶的信任，或經營效益好，或由於歷史悠久，積累了豐富的從事本業的經驗，或由於技術先進，掌握丫生產經營上的某些訣竅等原因，而使企業獲得了比同行業正常投資報酬率高的獲利能力的無形價值。

三、固定資產管理制度範本

第 1 章　總則

第 1 條：目的

為加強固定資產的保管及使用管理，促進固定資產的利用率，特制定本制度。

第 2 條：範圍

本制度所稱固定資產包括土地、房屋及建築物、機械設備、運輸設備、馬達、儀錶、工具等。

第 3 條：會計科目列賬原則

前項固定資產，耐用年數在兩年以下，未超過一定金額的應以費用科目列賬，不可以固定資產科目列賬。

第 4 條：管理部門

固定資產按下列類別，由指定部門負責管理，其管理及保養細則由各公司管理部門會同使用部門白行制定。

1.機械設備、馬達、儀錶、機電設備由工務部門負責管理，但須視實際需要歸性質相關部門管理。

2.土地、房屋及建築物、運輸設備、事務性什項設備由總務部門負責管理。

3.工具由資材倉庫部門負責管理。

第 5 條：編序

固定資產取得後，即歸固定資產管理部門管理。管理部門應會同會計部門依類別及會計科目統馭關係，予以分類編序並貼粘樣簽。

第 6 條：移交

人員移交時，對於固定資產應依相關的管理規定詳列清冊辦理移交。

第 7 條：增減報告

會計部門應於次月 15 日前，就土地、房屋及建築物、運輸設備等項目編制《固定資產增置表》一式三聯，並填列異常或更正內容後，送固定資產管理部門核對。其中第一聯固定資產管理部門留存，第二聯送返會計部門自存，第三聯送使用部門留存，採用電腦處理報表代替之。

第 8 條：盤點

固定資產管理部門應會同會計部門每年對固定資產盤點一次。另應於每季就固定資產登記卡冊，每一類別至少抽點 10 項。盤點後應填寫「盤存單」一式三份，並註明盈虧原因。其中一份自存，一份呈報（總）經理核決後送會計部門，一份送總管理處總經理室備

查。

第 9 條：增置、營造、修繕處理

固定資產的增置、營造、修繕應分別依照《材料管理辦法》、《工程修造發包事務處理規則》及《營建工程管理辦法》等有關規定辦理。

第 2 章　增置及登記

第 10 條：增置手續

固定資產增置驗收後，使用部門應即填寫《固定資產增加單》一式三聯，經固定資產管理部門簽章後，送會計部門填註購置金額、耐用年限、月折舊額。第一聯送管理部門轉計入《固定資產登記卡》，第二聯由會計部門自存轉計入《固定資產登記卡》，第三聯送使用部門留存。會計部門應每月與管理部門核對《固定資產登記卡》的記載事項。

第 11 條：受贈處理

固定資產因其他公司撥入、捐贈而取得者，應填明價格，如原價無法查得或根本無原價者，須由固定資產管理部門會同會計部門予以估價，並按第十條固定資產增置手續辦理。

第 12 條：登記

土地、房屋及建築物等不動產取得所有權後，由總務部統一進行產權登記及善後工作。

第 13 條：保險

固定資產應依《關係企業財物保險事務處理程序》的規定辦理保險。

第 3 章　資產移轉、閒置及減損

第 14 條：資產移轉處理

固定資產在公司內相互撥轉時應由移出部門填寫《固定資產移轉單》一式四聯，並由固定資產管理部門簽章後，送移入部門簽認。其中，第一聯送固定資產管理部門，第二聯送會計部門，第三聯送移入部門，第四聯送移出部門。

第 15 條：資產送修處理

固定資產須送廠商修復時，應依照《工程修造發包事務處理規則》辦理，於送修時由工務部門或固定資產管理部門填寫《料品交運單》一式六聯。其中，第一聯經辦部門自存；第二聯送會計部門；第三聯由守衛室暫存，於次日轉送會計部門；第四、五、六聯交承運商隨同物品出廠，第四聯交收料廠商暫存，作為物品回廠交貨的憑證，經辦部門於驗收後轉交會計部門核銷；第五聯供申請運雜費；第六聯由收料廠商簽收並送回經辦部門。

第 16 條：出租或外借處理

固定資產出租或外借，固定資產管理部門應先會同會計部門後按序呈（總）經理核准後始得辦理，並應制定契約，副本送會計部門以備核對。其出入廠區應另填寫《料品交運單》一式六聯，並依第十五條規定辦理。

第 17 條：減損處理

固定資產因減損擬報廢者，應由使用部門填寫《固定資產減損單》一式四聯，註明減損原因，送固定資產管理部門及會計部門簽註處理意見後呈報（總）經理。經核准後，第一聯送管理部門轉計入《固定資產登記卡》；第二、三聯依處理意見辦理後連同該廢品送資材倉庫簽收，其中第二聯連同有關資料送會計部門據以向主管機關辦理報備，抵押權變更及解除保險等手續；第三聯自存。

第 18 條：閒置固定資產處理

　　固定資產管理部門至少每三個月應將經營上無利用價值的閒置固定資產予以整理，填寫《閒置固定資產明細表》，並擬定處理意見後呈報（總）經理。經核定標售者須按下列規定辦理。

　　1.固定資產管理部門應按《閒置固定資產明細表》所列經批示計售部份開具《固定資產讓售比價單》一式四聯，由（總）經理指派專人或由採購部門負責招商比價，並將比價結果轉記於《標售比價單》後。其中，第三聯自存，第四聯送資管科，第一、二聯呈（總）經理核決後，由經辦人將第二聯送會計部門憑以核對，第一聯送管理部門以便發貨。

　　2.發貨時，由標售經辦人填寫《料品交運單》一式六聯（第四、五、六聯為承運商聯，勿填）憑以入廠提貨，經守衛簽註出廠時間及過磅記錄後，由標售經辦人填寫《繳款單》向出納解繳貨款，並於《料品交運單》備註欄填寫《固定資產讓售比價單》號碼、發票號碼。其中，第　聯送資材部門，第四聯送承購商收執，第二、三聯送守衛查對放行，於翌晨轉會計部門覆核。

　　3.提貨出廠後固定資產管理部門應即填寫《固定資產減損單》一式四聯（第四聯免填）。其中，第一聯自存轉計入《固定資產登記卡》，第二聯送會計部門，第三聯送使用部門留存。

第19條：抵押資產的減損、出租、外借處理

　　經提供抵押借款的固定資產如有減損、出租或外借時，會計部門應事先備函寫明抵押編號及資產名稱、數量，向總管理處財務部報備，由財務部向貸款及抵押權登記機構辦理標的物增減變更手續。

第4章　工具、附屬設備、事務性什項設備處理

第20條：馬達、儀錶處理

1.本項資產經驗收後應用使用部門逐件填寫《固定資產增加單》

一式三聯，並加蓋「附屬設備管理」章。其中，第一聯送固定資產管理部門計入《固定資產登記卡》，第二聯送會計部門，第三聯使用部門自存。

2. 固定資產轉移時由固定資產通知管理部門在《固定資產登記卡》上記載移轉情況。其出入廠區內的應填寫「移轉交運單」後辦理交運。

3. 需送廠外修理的，比照第十五條的規定辦理。

4. 其保養細則由管理部門會同使用部門自行制定。

5. 每年必須全面盤點一次，其閒置部份應比照第十八條的規定辦理。

6. 各公司自定管理對象的標準（如冷氣機裏的馬達不列入管理的對象等）。

7. 減損的部份比照第十七條的規定辦理，減損單位應蓋「附屬設備管理」章以資區別。

第 21 條：工具處理

1. 本項資產的購置需全部經由資材倉庫收料，未領用前由倉庫保管，歸入物料賬。

2. 本項資產系指物料的工具類，但各公司須定出各項品名。

3. 本項資產列為個人保管時應依個人別設立《財產保管卡》兩份（以不同顏色區分）。其中一份存發料部門倉庫，一份留存於各科集中保管。

4. 領用時，由領用人開具《材料領料單》向倉庫領料，並在《財產保管卡》上簽認。

5. 移交時，有關本項資產的保管清冊須填寫一份送管理部門據以轉記《財產保管卡》。

6. 領用本項資產時，如系新領或追加領料單須經廠（處）長核准，如系以舊換新者，憑科長核准的領料單辦理。

7. 本項資產不用擬退回時，須呈請廠（處）長核准後方能辦理退庫。資材倉庫對該退回品須例行管理。

第 22 條：事務性什項設備處理

1. 本項資產的購置經由物料賬處理，於驗收後直接以設備或費用列賬。

2. 本項資產各公司應列出品別，於請購時由資材倉庫在《請購單》上蓋「列入財產管理」章並會同管理部門辦理請購。辦理驗收後，《請購單》的會計聯及倉庫聯同送會計部門整理付款，倉庫聯並於傳票開制後，由會計部門轉送管理部門轉記《財產保管卡》。

3 本項資產列為個人保管時，應依個人別設立《財產保管卡》。其餘均以科別設立《財產保管卡》，科長為當然保管人，須指定專人負責實際保管工作。

4. 對於非消耗性文具用品的保持期限及對象，各公司須自定項目及保有期限，超過保有期限時免辦報廢或繳還。

5. 移交時有關本資產的移交清冊須送固定資產管理部門，據以轉記於《財產保管卡》。不用或報廢時，須編制保管清冊經廠（處）長核准後，送交固定資產管理部門點收（報廢部份免辦點收）及轉記於《財產保管卡》。

四、資產評估報告範本

總會計師：

為轉換企業經營機制，我們按廠部的決定，於××月委託××

會計師事務所對本廠全部資產重新進行了評估，現將評估結果報告如下。

一、資產總額

經評估驗資後確認，本廠××××年×月×日的資產總額為××萬元，比帳面原值××萬元增加××萬元。

二、固定資產

經評估確認，本廠××××年×月×日的固定資產總值為××萬元，比帳面原值××萬元增加××萬元。各類固定資產的總價值分別如下：

1.生產使用的固定資產××萬元；

2.未使用的固定資產××萬元；

3.閒置未用的固定資產××萬元；

4.待處理的固定資產××萬元。

三、流動資產

經驗資確認，本廠的流動資產為××萬元，同帳面值相符。明細如下：

1.現金與銀行存款××萬元；

2.應付賬款××萬元；

3.待攤費用××萬元；

4.存貨××萬元；

5.其他應收款××萬元。

四、流動負債

驗資確認，本廠的流動負債為××萬元，同帳面數值相符。明細如下：

1.短期借款××萬元；

2. 應付賬款××萬元；

3. 應交稅金××萬元；

4. 應付工資×萬元；

5. 其他應付款××萬元；

6. 應付福利貨款××萬元。

五、所有者權益

經驗資確認，本廠××××年×月×日所有者權益為××萬元，比帳面原值××萬元增加××萬元。

附：資產評估報告書一份。（略）

五、企業試算資金需要量報告

按照上級指示，對本廠 2019 年的資金需要量進行試算，現將試算情況報告如下。

一、試算數據

1. 基期（2018）資產總額 2738 萬元；

2. 預測期的產品銷售收入增長率 17.5%；

3. 與銷售有關的資產 1237 萬元；

4. 與銷售有關的負債 269 萬元；

5. 預測期新增的零星開支 57 萬元。

二、對 2019 年資金需要量的試算

按以上數據計算，2019 年我廠的資金需要量為 2964 萬元，比上年的 2738 萬元淨增 226 萬元，增長 8.3%。

$$2019\ 年資金需要量＝2738＋17.5\%×（1237－269）＋57$$
$$＝2738＋169＋57＝2964\ 萬元$$

2019 年資金需要淨增加額＝2964－2738＝226 萬元

2019 年資金需要量增長率＝8.3%

六、流動資金借貸合約

貸款方：

借款方：

保證方：

為明確責任，恪守信用，特簽訂本合約，共同信守。

一、貸款種類。（略）

二、借款金額。（略）

三、借款用途。（略）

四、借款利率。

借款利率為月息×‰，按季收息，利隨本清。如遇調整利率，按調整後的規定計算。

五、借款期限。

借款時間自××××年×月×日起，至××××年×月×日止。借款實際發放額和期限以借據為憑，分×次或一次發放和收回。借據應作為合約附件，同本合約具有同等法律效力。

六、還款資金來源及還款方式。（略）

1.還款資金來源。（略）

2.還款方式。（略）

七、保證條款。

借款方請××公司（或個人）作為自己的借款保證方。經貸款方審查，保證方具有擔保資格並有足夠代償借款的能力。保證方有

權檢查和督促借款方履行合約。當借款方不履行合約時，由保證方連帶承擔償還借款本息的責任。必要時，貸款方可以從保證方的存款帳戶內扣收貸款本息。

八、違約責任。

1.簽訂合約後，貸款方應在借款方提出借據×日內（假日順延）將貸款放出，轉入借款方帳戶。如貸款方未按期發放貸款，應按違約數額和延期天的貸款利息的 20%計算，向借款方償付違約金。

2.借款方如不按合約規定的用途使用借款，貸款方有權收回部份或全部貸款。對違約使用部份，按銀行規定加收罰息。借款方如在使用借款中造成物資積壓、損失浪費，或進行非法經營，貸款方不負任何責任，並有權按銀行規定加收罰息，或從存款戶中扣收貸款本息。如借款方有意轉移並違約使用資金，貸款方有權商請其他開戶行代為扣款清償。

3.借款方應按合約規定的時間還款。如借款方需要將借款展期，應在借款到期前五日內向銀行提出申請；有保證方的，還應由保證方簽署同意延長擔保期限，經貸款方審查同意後辦理展期手續。如借款方不按期償還借款，貸款方有權限期追回貸款，並按銀行規定加收逾期利息和罰息。如借款方經營不善發生虧損或虛盈實虧，危及貸款安全，貸款方有權提前收回貸款。

九、其他。

除因《借款合約條例》規定允許變更或解除合約的情況外，任何一方當事人不得擅自變更或解除合約。當事人一方依據《借款合約條例》要求變更或解除合約時，應及時採用書面形式通知其他當事人，並達成書面協定。本合約變更或解除後，借款方佔用的借款和應付的利息，仍應按本合約的規定償付。

　　本合約經各方簽字後生效，貸款本息全部清償後自動失效。

　　本合約正本一式三份。貸款方、借款方和保證方各執一份，合約副本×份。

　　　貸款方：（公章）　　借款方：（公章）　　保證方：（公章）

　　　法人代表：（蓋章）　法人代表：（蓋章）　法人代表：（蓋章）

　　　開戶銀行和帳號：　　開戶銀行和帳號：　　開戶銀行和帳戶：

七、資金使用效果的考察報告

　　××廠是生產小型交流電動機的專業廠。同 2018 年相比，2019年該廠工業總產值（按不變價）增長 2.2 倍，產量增長 2.2 倍，品種規格增長 2.3 倍；品質穩步提高，已有 38%的產品達到國際標準；產品不僅暢銷全國，還遠銷歐美和東南亞。近年來，該廠出口電機共達××萬台，創匯×××萬美元，稅利總額達××萬元。

　　但從資金使用上分析，該廠還存在一定的差距。定額流動資金週轉天數 2019 年為××天，比 2018 年的××天慢××天，相對多佔用流動資金××萬元。

　　一、流動資金週轉緩慢

　　1.產品降價，銷售收入減少，影響流動資金週轉××天。

　　2.產品直接對外後，資金結算方式改變，使流動資金週轉緩慢×天。

　　該廠出口產品原由外貿公司經銷，產品完工後，工貿雙方立即結算，付款週期最長×天。去年，公司直接對外，外貿公司只代理發運和外匯結算，要等商品上船六個月後，外商將貨款匯入，再由外貿公司按月結算，貨款回籠期大大延長。調查發現，該廠 2019 年

中期發出到年底沒有回籠的出口產品佔用資金達××萬元，影響當年銷售收入××萬元，比 2018 年緩慢×天。

二、定額資產佔用額上升

1. 由於出口產品品種增加而使資金多佔用××萬元。國外進口軸承、出口包裝物等儲備增多而使資金多佔用××萬元。

2. 庫存材料結構不合理，主要材料儲備偏低，輔料儲備偏高，以致該廠 2019 年曾幾度出現過停工待料現象。

3. 產品單位成本增加。以可比產品按加權平均計算，2019 年單台成本平均為××元，比 2018 年增加××元；2019 年庫存量×××台，成品資金多佔用××萬元。

4. 產銷率降低，成品庫存量加大。其中 A 系列電機 2019 年平均產銷率僅為××%，比 2018 年減少××%，即相對減少銷售××××台，平均佔用資金××萬元。B 系列電機 2019 年產銷率平均為××%，比 2018 年減少××%，即相對減少銷售××××台，多佔用資金××萬元。

三、關於改進的意見

為進一步挖掘資金潛力，減少資金佔用，加速資金週轉，現提出如下設想。

1. 抓採購供應計劃管理，特別是在制定一系列輔料採購計劃時，優先考慮現有庫存，逐步把庫存偏高的材料資金壓下來，可壓低××萬元以上。

2. 抓產銷率的提高，如能使產銷率提高到 2018 年××%的水準，則成品庫存量可比 2019 年庫存量減少 1/3，即可壓縮××萬元資金佔用。實現這項目標，應著重抓生產均衡率，同時抓產品驗收、裝箱、發運、托收結算各環節的協調工作。

3.通過外銷貿易談判，爭取縮短貨款回籠結算期限。以該廠與×國××公司業務為例，產品發出後，貨款實際回籠期達八個月。如促使外商改為信用證結算方式，則可縮短結算在途期四個月；同時與代理出口的外貿出口公司協商，若能當月將貨款劃付，則又可平均縮短半個月的結算在途期，進而提高資金的週轉速度。

八、無形資產會計處理制度範本

第 1 條：本公司所購入的無形資產，應該按實際支付的價款作為計價標準，在會計處理時，借記本科目，貸記「銀行存款」等科目。

第 2 條：本公司所有投資者投入的無形資產，應該按投資各方確認的價值作為計價標準，在會計處理時，借記本科目，貸記「實收資本」或「股本」等科目。

第 3 條：如果是首次發行股票而接受投資者投入的無形資產，應該按該項無形資產在投資方的帳面價值，在會計處理時，借記本科目，貸記「股本」或「實收資本」等科目。

第 4 條：本公司所有接受債務人以非現金資產抵償債務方式取得的無形資產，包括以應收債權換人的無形資產，應該按應收債權的帳面價值加上應支付的相關稅費作為計價標準，在會計處理時，借記本科目，按該項債權已計提的壞賬準備，借記「壞賬準備」科目；按應收債權的帳面餘額，貸記「應收賬款」等科目，按應支付的相關稅費，貸記「銀行存款」、「應交稅金等科目。

第 5 條：本公司所有因接受捐贈而取得的無形資產，按確定的實際成本作為計價標準，在會計處理時，借記本科目，按本來應交

的所得稅，貸記「遞延稅款」科目，按確定的價值減去未來應交所得稅後的差額，貸記「資本公積」科目，按應支付的相關稅費，貸記「銀行存款」、「應交稅金」等科目。

第 6 條：奉公司所有因自行開發而取得的無形資產，在會計處理時，按依法取得時發生的註冊費、聘請律師費等費用，借記本科目，貸記「銀行存款」等科目。

第 7 條：本公司購入的土地使用權，或以支付土地出讓金方式取得的土地使用權，按照實際支付的價款，借記本科目，貸記「銀行存款」等科目，並按本制度規定進行攤銷；待該項土地開發時再將其帳面價值轉入相關在建工程（房地產開發企業需將開發的土地使用權帳面價值轉入開發成本），借記「在建工程」等科目，貸記本科目。

第 8 條：本公司通過非貨幣性交易取得的無形資產，比照以非貨幣性交易取得的固定資產的相關規定進行處理。

第 9 條：本公司用無形資產向外投資，比照非貨幣性交易的規定處理。

第 10 條：本公司出售無形資產，按實際取得的轉讓收入，借記「銀行存款」等科目，按該項無形資產已計提的減值準備，借記「無形資產減值準備」科目；按無形資產的帳面餘額，貸記本科目，按應支付的相關稅費，貸記「銀行存款」、「應交稅金」等科目，按其差額，貸記「營業外收入——出售無形資產收益」科目或借記「營業外支出——出售無形資產損失」科目。

第 11 條：本公司出租無形資產所取得的租金收入，借記「銀行存款」等科目，貸記「其他業務收入」等科目；結轉出租無形資產的成本時，借記「其他業務支出」科目，貸記本科目。

第 12 條：無形資產增加主要有以下幾種來源：外部購入、其他單位投入、自行開發形成。外部購入、其他單位投入、自行開發的無形資產，要辦理合法的交接手續，並及時入賬。

第 13 條：外部購入的無形資產，按實際支付的價款計價。

第 14 條：投資者投入的無形資產，按評估確認或者合同、協議約定的金額計價。

第 15 條：自行開發研製的無形資產，按照開發過程中的實際支出計價。

第 16 條：接受捐贈的無形資產，按照發票帳單所列金額或者同類無形資產的市價計價。

在對無形資產的增加進行管理時，要注意以下幾個問題：

第 17 條：無形資產的增加必須結合企業的現有規模、生產條件、技術水準、銷售狀況統籌安排。

第 18 條：必須根據有關法律和合同，合理取得無形資產。

第 19 條：在向外界購入無形資產時，必須籌集足夠的資金以支付價款。

第 20 條：在向外界購入無形資產時，必須進行可行性研究。

九、無形資產的會計核算

第一條　無形資產增加主要有以下幾種來源：外部購入、其他單位投入、自行開發形成。外部購人、其他單位投入、自行開發的無形資產，要辦理合法的交接手續，並及時人賬。

第二條　外部購人的無形資產，按實際支付的價款計價。

第三條　投資者投入的無形資產，按評估確認或者合同、協議

約定的金額計價。

　　第四條　自行開發研製的無形資產，按照開發過程中的實際支出計價。

　　第五條　接受捐贈的無形資產，按照發票帳單所列金額或者同類無形資產的市價計價。

　　第六條　無形資產的增加必須結合企業的現有規模、生產條件、技術水準、銷售狀況統籌安排。

　　第七條　必須根據有關法律和經濟合同，合理取得無形資產。

　　第八條　在向外界購入無形資產時，必須籌集足夠的資金以支付價款。

　　第九條　在向外界購入無形資產時，必須進行可行性研究。

十、無形資產技術持股協議書

甲方：×××教授

乙方：××公司

一、合作宗旨和目的。

　　為了促進高科技生物技術的推廣應用，推動高技術農業產業化經營和本公司上市工作，現甲方和乙方充分利用各自科技優勢、投資優勢、融資優勢和品牌優勢，共同進行涉及胚胎技術的開發和應用推廣工作，共同成立生物技術研究所。

二、擬成立研究所的基本情況。

1.研究所名稱：××生物科技應用研究所。

2.組織形式：法人企業。

3.註冊資金：××萬美元。

4.註冊地：××市××路××樓。

5.法定代表人：×××教授。

6.職能和經營範圍：為××公司進行配套的胚胎技術開發推廣應用。

三、甲方出資條件及享有的權益條件約定如下。

1.甲方無需進行實物、土地使用權、貨幣及有價證券的投入。

2.甲方以其專有的技術投入研究所，如系專利或專利技術則需辦理轉移手續。

3.乙方同意甲方技術折成研究所股份××%，即乙方擁有研究所的××%的股權。

4.甲方投入的技術必須達到以下條件。（略）

5.如甲方的技術無法辦理轉移手續，則乙方需為研究所工作滿三年以上才可以擁有本條第三款規定的完全股權；否則，依年份的長短計算，未滿一年以實際月份計算。

6.甲方每滿一年，於該年的會計年度末的最後兩天可以依據其擁有的股份權享有研究所的利潤分成。如不參加研究工作或拒絕參加工作則不能參與分成。

四、乙方以現金××萬美元出資，佔有研究所××%的股份。如果甲方根據本協定第三條第五項規定，乙方將擁有甲方依約減少的股份。乙方××萬美元註冊資金於××年×月×日到位。

五、甲方應根據勤勉原則以其擁有的技術為研究所工作。甲方到研究所工作的基本要求如下。

1.組織胚胎技術的研究開發工作，以能適應甲方生產經營的需要。

2.組織乙方為研究所招聘的技術人員進行相關技術的培訓工

作，使其掌握相關技術（三年內完成）。

3.甲方在經營生產中需積極配合乙方。

4.甲方擁有的技術描寫。（略）

六、乙方擬將乙方公司上市，如乙方公司能夠上市，乙方也同意將公司股份的10%送給甲方參股的研究所；如乙方公司未能上市，乙方也同意依前述比例贈送給研究所；甲方據其在研究所持有的股權比例享有相關權利。

乙方將本條規定10%的公司股權贈送給研究所，需甲方達到以下條件；否則，乙方無需承擔上述義務。

1.甲方必須為研究所工作滿三年。

2.甲方由乙方聘任為研究所的主任，副主任由乙方委託，主任缺位工作時，由副主任行使主任之職。前述工作的年限以聘書為準。聘任的工作為本協定第五條規定的內容。

七、甲乙雙方同意研究所租用乙方的場地為工作場地，乙方以市場價格為準收取租金。

八、乙方負責研究所的成立註冊事宜。研究所最遲不得遲於××××年×月×日註冊成立。

九、研究所為營利性機構。甲乙雙方對研究所的分紅依據《公司法》的會計制度執行。

十、研究所的會計由乙方委派，出納由雙方共同聘任。乙方有責任要求其委派的會計每月出具一份研究所的會計報表供甲方查閱。

十一、當本協議第六條規定的條件滿足後，研究所即依法享有分紅權和相關的股東權益（以整體的研究所作為股東）。

十二、研究所股份的轉讓需雙方同意。乙方不能在五年內要求

退股或轉讓研究所的股份。

十三、甲方不能要求研究所或乙方將其技術股折成現金退出，或要求乙方強制收購。

十四、甲方不得從事下列工作和進行其他同業競爭。

1. 不得利用其技術與其他機構進行合作或進行營利性的工作。

2. 甲方不得免費為其他營利性機構做相關技術性工作。

十五、違約責任。

違約方將支付對方 10 萬美元的違約金。

十六、糾紛的解決途徑。

出現糾紛，任何一方均可在××法院起訴。

十七、本協議於 2012 年 3 月 1 日生效。

十一、企業財產管理辦法範本

第一條　所謂財產系指資產負債表上所列屬於固定資產科目者，其有關事務處理悉依照本辦法規定辦理。

第二條　本公司財產管理系由財務部統籌管理並委託使用單位保管，依其性質劃分如下：

1. 土地。

2. 房屋及建築設備：辦公室、廠房、酸洗間、倉庫、宿舍、護堤、水道、圍牆、停車場、道路。

3. 交通及運輸設備：小轎車、客貨車、推土機、起重機、機車、手推車、台車。

4. 機器設備：連續式鑄造鋼板設備、鋼鐵熱軋設備、鋼鐵冷軋及冷壓成型設備、金屬熱處理設備。

5. 電氣設備：輸電、配電、變電設備、照明設備。

6. 空氣調節設備：冷氣機、抽送風機、電扇。

7. 事務設備：機具設備（計時機、影印機、打字機、電腦、電話機、對講機、擴音機、油

印機等）、傢俱設備（寫讀傢俱、儲放傢俱、坐息傢俱）、通訊設備。

8. 供水設備：水塔、儲水池、過濾設備、抽水機、馬達、給水配管設備。

9. 其他設備：防護設備（消防警衛、醫療）、裝潢設備、康樂設備。

第三條　財產保管部門應會同財務部每年定期盤點，但對新置者每月對賬一次，其盤盈或盤虧應確實辦理增值或減損。

第四條　由購入而取得之不動產，應即辦理所有權移轉登記，其有關產權之登記與變更登記及稅法規定事宜與減損報廢之報備均由財務部另行規定辦理。

第五條　各項工程修造不論金額多寡均應編列預算表，並送財務部備查復核，其緊急處理者仍應補辦手續。

第六條　有關不動產出租或租入，均應事先訂立契約書，並會同財務部復核轉呈總經理核准後始得辦理。

第七條　資本支出與費用支出劃分之標準如下：

1. 支出結果能獲得其他資產者屬資本支出，否則應列為費用支出。

2. 資產因擴充、換置、改良而能增加其價值或效能的屬資本支出，否則即為費用支出。

3. 支出結果所獲得的固定資產，其耐用年限在 2 年以上，且其

金額在 5 萬元以上的屬資本支出，其耐用年限不及 2 年或其效用僅及本期的屬費用支出。

4.凡為維持財產的原始使用效能，所需的維護費用作為費用支出。

第八條　財產支出核決許可權，依內購核決許可權表的規定辦理。

第九條　固定資產的折舊，採用平均法，並以帳面價值為准，其折舊耐用年限依所得稅規定。

第十條　使用年限屆滿的固定資產，仍繼續使用者，不得折舊，但主要或重要生產設備得予調整以往舊額，並繼續折舊。

第十一條　有關固定資產設賬，財務部於總分類設置「土地」、「房屋及建築」、「機器設備」、「電氣設備」、「空氣調節設備」、「事務設備」、「供水設備」、「其他設備」，機械與各項設備的「備抵折舊」等科目，設置財產目錄卡，並於各負責管理部門設置同式財產目錄表，詳細記錄負責保管人及移動情況，並經使用人簽認留存。財務部門與管理部門于每年會同盤點時並應互為核對雙方登記卡表所載內容是否相符，如有不符應即查明更正。

第十二條　本辦法經呈准公佈實施，修改時亦同。

第二節　資產管理的工作流程

一、固定資產管理工作流程圖

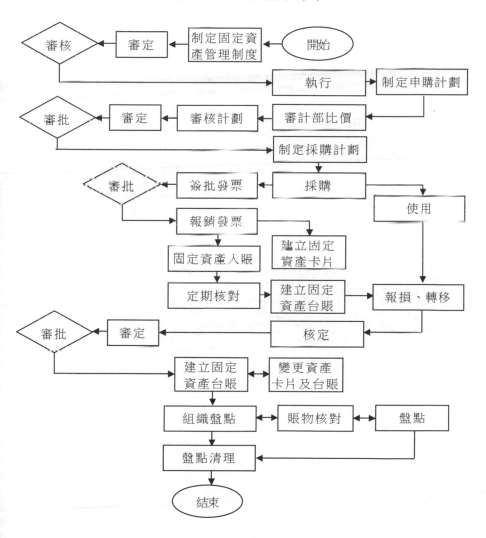

二、固定資產盤點工作流程圖

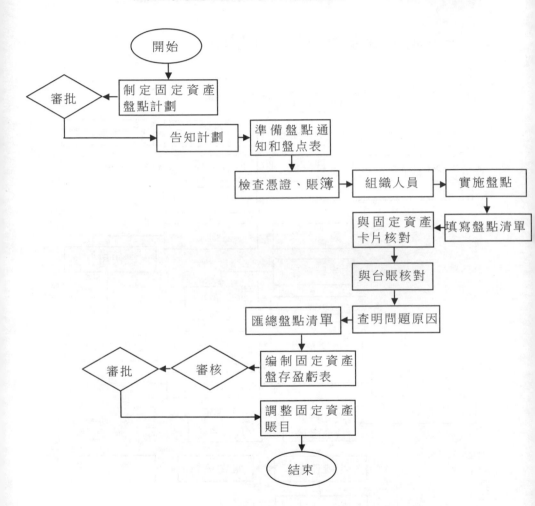

三、固定資產減損工作流程圖

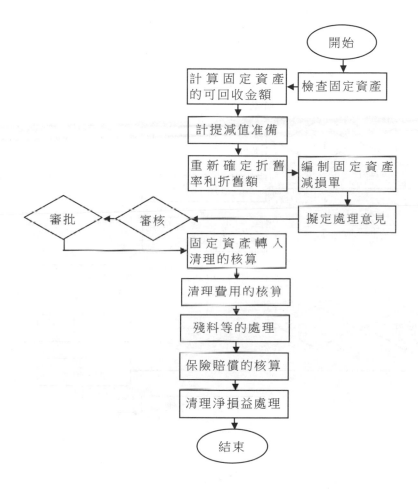

四、固定資產折舊、報廢處理工作流程圖

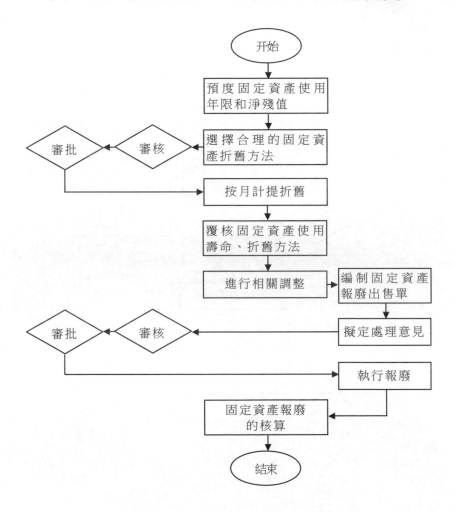

五、存貨管理工作流程圖

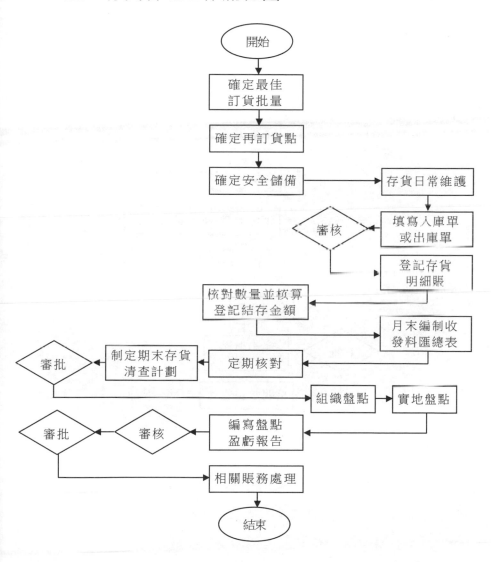

六、物品盤點工作流程圖

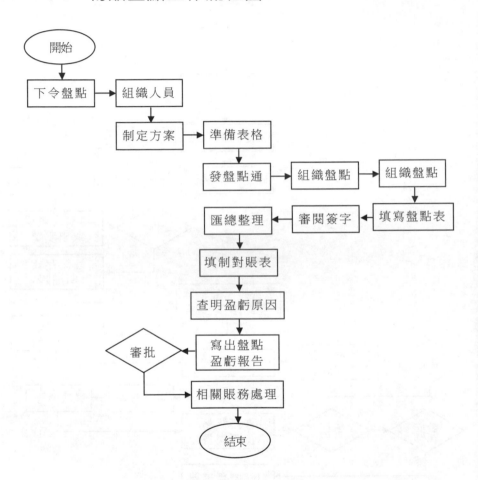

七、庫存差異分析工作流程圖

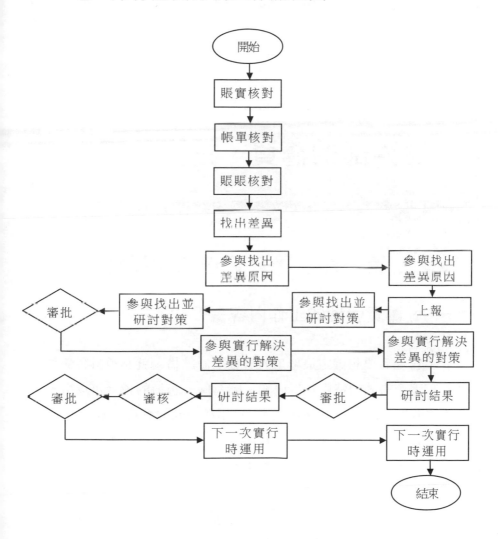

第 *6* 章

財務部的籌資、投資管理

🔊 第一節　籌資管理工作要點

一、籌資管理的工作內容

　　企業管理者要想確定最理想的資金來源結構，就必須對各種籌資管道和籌資方式的特點加以研究。因為同一管道的資金可以用不同的方式取得，而同一籌資方式又可適用於不同的籌資管道。

　　籌資管理主要包括籌資管道管理和籌資方式選擇，籌集資金的管道是指企業取得資金的來源，籌集資金的方式是指企業取得資金的具體形式。

二、籌資的主要管道

1. 銀行借款

即企業向銀行申請貸款，通過信貸進行籌資。

2. 發行債券

即企業通過發行債券進行籌資。這是企業籌集資金的又一重要方式。

3. 發行股票

即企業通過發行股票進行籌資。這是企業籌集長期資金的重要方式。

4. 企業內部積累

企業內部資金的籌資方式，主要是利用企業留存收益即盈餘公積金、公益金、未分配的利潤等。另外，也有利用變賣企業資產籌資和利用企業應收賬款籌資的方式。

5. 聯營

與籌資直接有關的聯營，主要是原有企業吸收其他投入資金和若干企業聯合出資建立的合資經營企業。興辦合資經營企業，能夠集中多方面資金，擴大經營範圍，甚至建立規模較大的經濟聯合體；還可以同時進行技術、勞力、土地、資源等多種生產要素的聯合，發揮各方面的優勢，增強企業的活力和競爭能力。

6. 商業信用

商業信用是指商品交易中以延期付款或預收貨款進行購銷活動而形成的借貸關係，是企業之間的直接信用行為。其主要形式有先取貨後付錢和先付錢後取貨兩種形式。它是企業籌集短期資金的一

種方式。

7.租賃

租賃是出租人以收取租金為條件，在契約或合同規定的期限內，將資產出讓給承租人使用。現代租賃是企業解決資金來源的一種籌資方式。按其性質的不同，租賃可分為經營性租賃和籌資性租賃兩種。

三、籌資的主要方式

1.企業自留資金

企業自留資金主要是指企業留用的，用作企業的生產發展基金、新產品試製基金、後備基金、員工福利基金、員工獎勵基金的利潤，其中前三項在一定條件下可轉化為生產經營資金。隨著企業經濟效益的提高，企業自留資金的數額將日益增加。

2.國際資本市場資金

國際資本市場籌資已成為當今企業籌資的重要方式，越來越多的企業都選擇在海外上市，也有越來越多的資金投入國際資本市場。

3.政府投資

政府對企業的投資是企業的資金來源之一，在各種資金來源中佔有重要地位。

4.借貸

企業借貸資金主要是指企業向各商業銀行申請的借款。這是企業籌資的主要管道。另外，借貸資金還包括企業向非銀行金融機構，如信託投資企業、租賃企業、保險企業及民間金融組織借入的資金。

5.企業之間的資金拆借

在生產經營過程中，企業往往有部份暫時閒置的資金，甚至可在較長時間內騰出部份資金，如未動用的企業留用利潤等，可在企業之間相互調劑利用。隨著橫向經濟聯合的發展，企業間資金聯合的資金融通有了廣泛發展。其他企業投入資金包括聯營、入股、債券及各種商業信用，既有長期的穩定的聯合，又有短期的臨時的融通。其他企業投入資金往往同本企業的生產經營活動有密切聯繫，有利於促進企業間的經濟聯繫，開拓本企業的經營業務。這種資金管道得到了廣泛利用。

6.利用員工資金和民間資金

企業員工和城鄉居民的投資，都屬於個人資金管道。企業員工入股可以增強員工歸屬感，激發員工的工作積極性。此外，有些企業向非本單位員工發行股票、債券，這一資金管道在盤活閒置資金方面具有重要的作用。

四、籌資業務管理的審批執行標準

第一條　籌資管理人員應定期進行企業經營情況的分析，根據企業的資金預測編制籌資計畫。

第二條　籌資管理人員的籌資計畫應經過董事會的審批，董事會會同法律顧問和財務顧問審核籌資計畫的合理性和可行性。

第三條　董事會的審核結果應進行書面記錄，一方面是控制程式的需要，同時，董事會紀要也是證券監督管理委員會要求實施的資料之一。

第四條　企業籌集資金應該按國家法律、法規及××服務行業

財務制度規定，可一次或分期籌集。

第五條　企業資金的籌集可採用向銀行貸款、向其他單位臨時借款、向內部職工籌集等方式。當企業的經營規模擴大時，經總經理室決定，投資者增加投資額也是一種方式。

第六條　企業根據需要可用原有的固定資產做抵押，向銀行或其他單位借款，但向銀行貸款時應通過企業總經理室批准；

第七條　借款餘額不得超過企業的實收資本，重大專案或借款餘額已超過實收資本的 20％以上的借款，應單獨做出可行性報告報經總經理室批准。

第八條　對各方籌集的資金，應嚴格按借款合同規定的用途使用，不許挪作他用。第九條資金使用應嚴格按審批許可權及規定程式辦理，大額開支一般要事先列入財務計畫，並應附有經濟效益預測資料。

第二節　籌資管理制度

第 1 章　總則

第 1 條：為規範公司經營運作中的籌資行為，降低資本成本，減少籌資風險，提高資金運作效率，特制定本制度。本制度適用於公司總部、各子公司、分公司的籌資行為。

第 2 條：本制度所指的籌資，是指權益資本籌資和債務資本籌資。權益資本籌資是由公司所有者投入以及以發行股票的方式籌資；債務資本籌資是指公司以負債方式借入資金並到期償還資金，包括短期借款、長期借款、應付債券、長期應付款等方式。

第 3 條：籌資的原則。

· 遵守法律、法規。

· 統一籌措，分級使用。

· 綜合權衡，降低成本。

· 適度負債，防範風險。

第 4 條：資金的籌措、管理、協調和監督工作由公司財務部統一負責。

第 2 章　權益資本籌資

第 5 條：權益資本籌資通過吸收直接投資和發行股票兩種籌資方式取得。

· 吸收直接投資是指公司以協定等形式吸收其他企業和個人投資的籌資方式。

· 發行股票籌資是指公司以發行股票方式籌集資金。

第 6 條：吸收直接投資籌資程序。

· 吸收直接投資須經公司股東大會或董事會批准。

· 與投資者簽訂投資協定，約定投資金額、所佔股份、投資日期以及投資收益與風險的分擔等。

· 財務部負責監督所籌集資金的到位情況和資產的評估工作，並請會計師事務所辦理驗資手續，公司據此向投資者簽發出資報告。

· 財務部在收到投資款後應及時建立股東名冊。

· 財務部負責辦理工商變更登記和公司章程修改手續。

第 7 條：吸收投資時，不得吸收投資者已設有擔保物權及租賃資產的出資。

第 8 條：籌集的資本金，在生產經營期間，除投資者依法轉讓

外，不得以任何方式抽走。

第 9 條：投資者實際繳付的出資額超出其資本金的差額（包括公司發行股票的溢價淨收入）以及資本匯率折算差額等計入公司資本公積金。

第 10 條：發行股票籌資程序。

· 發行股票籌資必須經過股東大會批准。

· 擬訂發行新股申請報告。

· 董事會向有關授權部門申請。

· 申請被批准後，公告招股說明書和財務會計報表及附屬明細表，與證券經營機構簽訂承銷協議。定向募集時向新股認購人發出認購公告或通知。

· 招認股份，繳納股款。

· 改組董事會、監事會，辦理變更登記並向社會公告。

第 11 條：公司財務部建立股東名冊，其內容包括股東姓名、名稱、住所及各股東所持股份、股票編號以及股東取得股票的日期等。

<h2 style="text-align:center">第 3 章　債務資本籌資</h2>

第 12 條：債務資本的籌資工作由公司財務部統一負責。經財務部批准分支機構可以辦理短期借款。

第 13 條：公司短期借款籌資程序。

· 根據財務預算和預測，公司財務部應先確定公司短期內所需資金，編制籌資計劃表。

· 按照籌資規模大小，分別由財務部經理、財務總監和總經理審批籌資計劃。

· 財務部負責簽訂借款合約並監督資金的到位和使用，借款合約內容包括借款人、借款金額、利息率、借款期限、利息及

本金的償還方式以及違約責任等。

．雙方法人代表或授權人簽字。

第 14 條：公司短期借款審批許可權。短期借款採取限額審批制，審批限額標準如下（超過限額標準的由公司董事會批准）。

．財務部經理審批限額：10 萬元。

．財務總監審批限額：50 萬元。

．總經理審批限額：100 萬元。

第 15 條：在短期借款到位當日，財務部應按照借款類別在短期籌資登記簿中登記。

第 16 條：公司按照借款計劃使用該項資金，不得隨意改變資金用途，如有變動須經原審批機構批准。

第 17 條：公司財務部及時計提和支付借款利息並實行崗位分離。

第 18 條：公司財務部建立資金台賬，詳細記錄各項資金的籌集、運用和本息歸還情況。財務部對於未領取利息單獨列示。

第 19 條：公司長期債務資本籌資包括長期借款、發行公司債券等方式。

第 20 條：公司長期借款必須編制長期借款計劃使用書，包括項目可行性研究報告、項目批覆、公司批准文件、借款金額、用款時間與計劃以及還款期限與計劃等。

第 21 條：長期借款計劃應由公司財務部經理、財務總監和總經理依其職權範圍進行審批。

第 22 條：公司財務部負責簽訂長期借款合約，其主要內容包括貸款種類、用途、貸款金額、利息率、貸款期限、利息及本金的償還方式和資金來源、違約責任等。

第 23 條：長期借款利息的處理。

- 籌建期間發生的應計利息計入開辦費。
- 生產期間發生的應計利息計入財務費用。
- 清算期間發生的應計利息計入清算損益。
- 購建固定資產或無形資產有關的應計利息，在資產尚未交付使用或者雖已交付使用但尚未辦理竣工決算之前，計入購建資產的價值。

第 24 條：公司發行債券籌資程序。

- 發行債券籌資應先由股東大會做出決議。
- 向國務院證券管理部門提出申請並提交公司登記證明、公司章程、公司債券募集辦法以及資產評估報告和驗資報告等。
- 制定公司債券募集辦法，其主要內容包括公司名稱、債券總額和票面金額、債券利率、還本付息的期限和方式、債券發行的起止日期、公司淨資產、已發行尚未到期的債券總額以及公司債券的承銷機構等。
- 同債券承銷機構簽訂債券承銷協議或包銷合約。

第 25 條：公司發行的債券應載明公司名稱、債券票面金額、利率以及償還期限等事項，並由董事長簽名、公司蓋章。

第 26 條：公司債券發行價格可以採用溢價、平價、折價三種方式，公司財務部保證債券的溢價和折價採用直線法合理分攤。

第 27 條：公司對發行的債券應配備公司債券存根簿予以登記。

發行記名債券的，公司債券存根簿應記明債券持有人的姓名、名稱及住所、債券持有人取得債券的日期及債券編號、債券總額、票面金額、利率、還本付息的期限和方式以及債券的發行日期。

發行無記名債券的，應在公司債券存根簿上登記債券的總額、利率、償還期限和方式以及發行日期與債券的編號等。

第 28 條：公司財務部在取得債券發行收入的當日，應立即將款項存入銀行。

第 29 條：公司財務部指派專人負責保管債券持有人明細賬，並組織定期核對。

第 30 條：公司按照債券契約的規定及時支付債券利息。

第 31 條：公司債券的償還和購回，在董事會的授權下由公司財務部辦理。

第 32 條：公司未發行的債券必須由專人負責管理。

第 33 條：其他長期負債籌資方式包括補充貿易引進設備價款和融資租入固定資產應付的租賃費等形成的長期應付款。

第 34 條：由公司財務部統一辦埋長期應付款。

第 4 章　公司籌資風險管理

第 35 條：公司應定期召開財務工作會議，並由財務部對公司的籌資風險進行評價。公司籌資風險的評價準則如下。

- 以公司固定資產投資和流動資金的需要，決定籌資的時機、規模和組合。
- 籌資時應充分考慮公司的償還能力，全面衡量收益情況和償還能力，做到量力而行。
- 對籌集來的資金、資產、技術具有吸收和消化的能力。
- 籌資的期限要適當。
- 負債率和還債率要控制在一定範圍內。
- 籌資要考慮稅款減免及社會條件的制約。

第 36 條：公司籌資效益的決定性因素是籌資成本，這對於評價公司籌資方式的選擇有重要意義。公司財務部採用加權平均資本成本最小的籌資組合評價公司資金成本，確定合理的資本結構。

第 37 條：籌資風險的評價方法採用財務槓杆係數法。財務槓杆係數越大，公司籌資風險也就越大。

第 38 條：公司財務部應依據公司經營狀況、現金流量等因素合理安排借款的償還期以及歸還借款的資金來源。

第 5 章　附則

第 39 條：本制度由財務部編制，解釋權、修改權歸財務部。

第 40 條：本制度經公司董事會審核批准後，自公佈之日起實施。

第三節　投資管理工作要點

一、企業投資項目界定

（一）投資體制

企業應形成投資項目開發，論證評估，投資決策，監督實施，運作管理的五位一體的管理體制。

1. 投資項目開發

由母公司或子公司投資部對收集各類投資項目資訊遴選之後，成立專門項目小組負責項目開發。

2. 論證評估

⑴投資部門項目小組進行項目可行性論證，設計優化項目方案。

⑵邀請企業內外部專家對投資項目進行評估。

3. 投資決策

由企業投資決策會議對備選項目進行決策，決定對投資項目的審查批准意見。

4.監督實施

⑴成立項目實施籌備小組，實際操作投資項目。

⑵企業財務，審計等部門監督投資項目建設過程，提高投資品質，控制投資總額。

5.運作管理

⑴一般投資項目以項目責任制形態運營。

⑵項目建成後，劃轉其他部門進行正常運作狀態下的管理。

（二）投資許可權

一般而言，企業總部上收投資決策權，統一投資審批。可能形式有：

方案 1：絕對上收投資權

無論投資多大，凡需對外投資，一律經企業一級審批，下屬單位一律無權決定投資項目。

方案 2：相對上收投資權

企業可以授權下屬單位有限額萬人民幣以下投資項目的審批自主權，限額以上均由企業總部審批，且下屬審批投資項目須報企業總部備案。

（三）投資項目

企業投資項目包括：

1.固定資產（廠房，設備）投資。

2.新產品中工業性試驗。

3.技術引進。

4.改建、擴建、技術改造。

5.科技研發。

6.對外短期投資（股票，債券）。

7.對外長期投資（土地、物業、實業、商貿）。

8.環保投資。

9.控股性合資，聯營。

10.企業兼併，收購。

11.資產經營投資。

12.公關、廣告、促銷、捐贈計劃。

13.行銷網路建設或特許經營。

14.人力資源培訓計劃。

15.其他項目。

16.以上內容的綜合性項目。

二、企業投資管理要點

1.關於對外投資比例

根據《公司法》規定，除投資公司，控股性公司外，一般公司對外投資累計不得超過其淨資產的 50%以上。因此，其策略有：

⑴重要控股，參股子公司收購為全資子公司或分公司。

⑵對非重要的子公司出讓股份。

⑶擴大公司註冊資本金（或淨資產規模）。

⑷企業註冊為投資控股型公司。

2.建立企業投資項目庫

⑴企業須建立權威的備選投資項目庫。

⑵項目庫中的投資項目不是原生態的項目，而是經投資部篩選、開發、方案組合，優選加工之後策劃好的項目。一經決策，能夠馬上付諸實施。

⑶企業不能讓資金等項目。資金富餘時手忙腳亂找項目，會導致項目成功率低；而應該讓項目等資金，引導資金，創造資金需求。

3.確定合理的投資結構

⑴投資在公司分佈

①多少放在全資子公司。

②多少放在控股子公司。

③多少放在關聯公司。

⑵投資在產業分佈

①多少放在現有主體產業。

②多少放在潛在主導產業。

③多少放在風險投資。

⑶投資在區域分佈

①多少放在公司總部。

②多少放在各地區（總部）。

③多少放在海外。

4.投資效益評估

⑴傳統的投資項目評估側重在財務指標上

①投資收益率＝年平均盈利/投資額。

②投資回收期＝投資額/年平均盈利。

③淨現值法。

④折現係數法。

⑵評述

①常規項目評估可按這些規範化的評估程序進行。

②對新經濟生長點項目，應該容忍其「有前景的近期虧損」。

③對行銷投資，可能要以市場佔有最大換取利潤最大。

④對政府行為導向的公益性，基礎性項目，以社會效益換經濟效益，從而獲得政府在項目之外的其他優惠補償政策。

第四節　風險管理規範化執行細節

一、投資回收期限法

　　一般說來，企業都希望投資的本金越快收回越好。因此，在一些中小企業，財務經理在投資決策時，他們最常用的方法之一就是判斷幾年能收回成本。因為對於這些企業來說，收回期限法簡便易用，也不用確定什麼「貼現率」、「資金加權成本」等，而且這種方法雖然不是很科學，但實用性非常強。因此，在實踐中這種判斷標準很受一些企業的青睞。假如 A 項目，投資 600 萬，每年收回現金 100 萬，則這項投資能在 6 年內收回；另外一個 B 項目，投資 400 萬，每年收回現金 80 萬，這樣 5 年即可收回投資。因此，若用回收期限法衡量的話，B 項目優於 A 項目，企業會棄 A 而擇 B。

　　在美國有 60%的企業採用回收期限法作為資金運用判斷的標準。當然，這種方法也有其弱點的，那就是未考慮到總回收收益的大小。例如 A 項目每年收入 100 萬，多於 B 項目的 80 萬，每年多收回的 20 萬可用於再投資獲取收益，而回收期限法並沒有考慮年回收資金的再投資收益，這樣，就產生了另一種稱為折現回收法的判斷方法，這個方法其實是期限回收法的改良方法。

二、投資報酬率分析法

這種方法就是把各個資金運用方案按報酬率的大小依次排列，從高到低，選擇投資方案進行投資。當然，一是資金數量必須夠用，若資金不夠，則排在後面的項目砍掉；二是報酬率至少高於融資的利率，否則即使資金充裕也不對其加以考慮。

利用這種方法的核心就在於算出每個方案的投資報酬率，例如 A 項目的每年報酬率為 $100/600 = 16.67\%$，B 項目為 $80/400 = 20.00\%$。從投資報酬率來說，項目 B 優於 A 項目。當然，若企業的貸款利率不到 16.67%，如 100%左右或更低。A 項目也完全可以納入投資計劃。

三、企業投資管理制度

第 1 章　總則

第 1 條：為加強公司投資管理，規範公司投資行為，提高資金運作效率，保證資金運營的安全性和收益性，根據外部規範與公司具體情況，特制定本制度。本制度適用於公司總部、各子公司及各分公司的投資行為。

第 2 條：本制度所指投資分對外投資和對內投資兩部份。

(1)對外投資指將貨幣資金以及經資產評估後的房屋、機器、設備、物資等實物以及專利權、商標權和土地使用權等無形資產作價出資，進行各種形式的投資活動。

(2)對內投資指利用自有資金或從銀行貸款進行基本建設、技術

更新改造以及購買和建造大型機器、設備等投資活動。

第 3 條：投資原則。

‧ 遵守法律、法規。

‧ 符合公司的發展戰略。

‧ 規模適度，量力而行，不能影響主營業務的發展。

第 4 條：投資目的。

‧ 充分有效地利用閒置資金或其他資產進行適度的資本擴張，以獲取較好的收益，確保資產保值增值。

‧ 改善裝備水準，增強市場競爭力，擴大經營規模，培育新的增長點。

第 2 章　投資分析與申請

第 5 條：投資分析。

‧ 敏感性分析，其目的是找出那些尚未發現但可能影響投資決策的不利因素，並及早採取措施予以糾正；其內容是分析銷售、成本等變化對投資利潤所造成的影響。

‧ 保本點分析，其內容是分析出使投資不盈不虧的銷售量底線。

‧ 蒙特卡羅類比分析，其內容是分析所有可能出現的變數之間的內在聯繫對投資的影響。

第 6 條：投資預測的要求。

‧ 預測人員必須要拋棄不必要的心理壓力，以創新和科學的態度從事預測工作。

‧ 預測人員不要因不合理的解釋而影響投資預測。

‧ 預測人員要做到不因個人偏愛而影響投資預測。

第 7 條：投產風險的測定方法。

‧ 圖示測定。

- 市場收益率測定。
- 市場收益標準差測定。
- 市場收益率變異係數測定。
- 市場收益率靈敏度測定。
- 借鑑歷史資料測定。

第 8 條：投資審核的程序。

- 投資專員在年底或年度結束後經過分析，選擇淨現值為正的投資項目，並附上有關開支細目、必要的書面材料和書面說明。
- 投資專員將上述材料上報財務部，財務部經過審核、加工、整理，將其列入預算計劃。
- 財務經埋將列入預算計劃的項目上報總經理審核批准，並列入下年度或下季的投資計劃。

第 9 條：投資審核的要求。

投資申請中必須列有技術說明和申請投資的理由說明。屬於公司擴展業務方面的投資，在撥款申請中要對市場需求、現有技術是否會隨時間的推移而落伍，以及競爭對手的情況等做出說明。屬於新產品開發方面的投資，在撥款申請中則要對無形資產、新產品開發在技術等方面所佔優勢，以及新產品開發給公司帶來的正的經濟剩餘情況等做出說明。

第 3 章　對外投資

第 10 條：對外投資按投資期限可分為短期投資和長期投資。

短期投資包括購買股票、企業債券、金融債券或國庫券以及特種國債等。長期投資的形式有以下幾種。

①出資與公司外部企業及其他組織成立合資或合作制法人實

體。

　　②與境外公司、企業和其他組織開辦合資、合作項目。

　　③以參股的形式參與其他法人實體的生產經營。

　　第 11 條：投資業務的職務分離。

・ 投資計劃編制人員與審批人員分離。

・ 負責證券購入與出售的業務人員與會計記錄人員分離。

・ 證券保管人員與會計記錄人員分離。

・ 參與投資交易活動人員與負責有價證券盤點工作人員分離。

・ 負責利息或股利計算及會計記錄的人員與支付利息或股利的
　 人員分離，並盡可能由獨立的金融機構代理支付。

　　第 12 條：公司短期投資程序。

・ 公司財務部應根據公司資金盈餘情況編報資金狀況表。

・ 證券資金部份析人員根據證券市場上各種證券的情況和其他
　 投資對象的盈利能力編報短期投資計劃。

・ 公司的財務部經理、財務總監和董事會按短期投資規模和投
　 資重要性，分別依照各自的職權審批該項投資計劃。

　　第 13 條：公司財務部按照短期證券類別、數量、單價、應計利
息以及購進日期等項目及時登記該項投資。

　　第 14 條：建立嚴格的證券保管制度，至少由兩名以上人員共同
控制，不得一人單獨接觸有價證券，證券的存入和取出須詳細記錄
在證券登記簿內，並由在場的經手人員簽名。

　　第 15 條：公司購入的短期有價證券須在購入當日記入公司名下。

　　第 16 條：有價證券的盤點工作應由公司財務部和證券資金部負
責組織實施。

　　證券保管員和會計人員應在每月終了時進行月終盤點，並完成

下列程序。

①盤點前必須將截至當月最後一天的證券登記入賬並結出結存額。

②實地清點實物，核對卡片。

③月終編制「有價證券盤點表」。

財務部認為必要時，可以抽樣核對，覆核盤點表。

年終時，根據公司盤點指令，組織人員全面清點，編制「有價證券盤點表」，並由公司財務部負責人（或聘請註冊會計師）參加監盤。

第 17 條：公司財務部應對每一種證券設立明細賬，每月還應編制證券投資和盈虧報表，對於債券應編制折、溢價攤銷表。

第 18 條：公司財務部應將投資收到的利息、股利及時入賬。

第 19 條：財務部經理、財務總監以及董事會按其職權批准處置公司短期投資。

第 20 條：公司對外長期投資按投資項目的性質分為新項目投資和已有項目增資。

(1)新項目投資是指投資項目經批准立項後，按批准的投資額進行的投資的活動。

(2)已有項目增資是指原有的投資項目根據經營需要，在原批准投資額的基礎上增加投資的活動。

第 21 條：對外長期投資程序。

· 財務部協同投資部門確定投資目的並對投資環境進行考察。

· 對外投資部門在充分調查研究的基礎上編制投資意向書。

· 對外投資部門編制項目投資可行性研究報告並上報財務部和總經理辦公室。

‧財務部協同對外投資部門編制項目合作協議書。

‧按有關規定的程序辦理報批手續。

‧對外投資部門制定有關章程和管理制度。

‧對外投資部門實施項目運作及其經營管理。

第 22 條：對外投資許可權。

所有對外長期投資項目，均由總公司批准或由總公司轉報董事會批准，各子公司、分公司無對外投資權，但享有投資建議權。

總公司應在受理對外長期投資項目立項申請後一個月內做出投資決策。

第 23 條：批准後的對外長期投資項目，一律不得隨意增加投資，如確需增資，必須重報投資意向書和可行性研究報告。

第 24 條：對外長期投資興辦合營企業對合營合作方的要求。

要有較好的商業信譽和經濟實力。

能夠提供合法的資信證明。

根據需要提供完整的財務狀況、經營成果等相關資料。

第 25 條：對外長期投資項目必須編制「投資意向書」，其主要包括以下內容。

‧投資目的。

‧投資項目的名稱。

‧項目的投資規模和資金來源。

‧投資項目的經營方式。

‧投資項目的效益預測。

‧投資的風險預測。包括匯率風險、市場風險、經營風險、政治風險。

‧投資所在地的市場情況、經濟政策。

· 投資所在地的外匯管理規定及稅收法律法規。

· 投資合作方的資信情況。

第 26 條：國（境）外投資項目還應提供如下資料。

· 有關投資所在國（地區）的現行外匯投資的法令、法規、稅收規章以及外匯管理規定。

· 投資所在國（地區）的投資環境分析、合作夥伴的資信狀況。

· 投資外匯資金來源證明及投資回收計劃。

· 本國駐外使館及經參處對項目的審查意見。

· 本國外匯管理部門要求提供的其他資料。

第 27 條：投資意向書（立項報告）報總公司批准後，對外投資部門應委託專業設計研究機構負責編制可行性研究報告。項目可行性研究報告的主要包括以下內容：

(1)總論。

①項目提出的背景、項目投資的必要性及其經濟意義。

②項目投資可行性研究的依據和範圍。

(2)市場預測和項目投資規模。

①國內外市場需求預測。

②國內現有類似企業的生產經營情況的統計。

③項目進入市場的生產經營條件及經銷管道。

④項目進入市場的競爭能力及前景分析。

(3)投資估算及資金籌措。

①項目的註冊資金及生產經營所需資金。

②資金的來源管道、籌集方式及貸款的償還辦法。

③資金回收期的預測。

④現金流量計劃。

(4)項目的財務分析。

①項目前期開辦費以及建設期間各年的經營性支出。

②項目運營後各年的收入、成本、利潤和稅金測算，以及對可利用投資收益率、淨現值以及資產收益率等財務指標的分析。

(5)項目敏感性分析及風險分析。

①項目所涉及的敏感性區域。

②項目運作的社會風險和經濟風險。

第 28 條：財務部和對外投資部應在項目可行性研究報告報總公司批准後，編制項目合作協議書（合約）。項目合作協議書（合約）主要包括以下內容。

· 合作各方的名稱、地址及其法定代表人。

· 合作項目名稱、位址、經濟性質、註冊資金及其法定代表人。

· 合作項目的經營範圍和經營方式。

· 合作項目的內部管理形式、管理人員的分配比例、機構設置及實行的財務會計制度。

· 合作各方的出資數額、出資比例、出資方式及出資期限。

· 合作各方的利潤分成辦法和虧損責任分擔比例。

· 合作各方違約時應承擔的違約責任以及違約金的計算方法。

· 協議（合約）的生效條件。

· 協議（合約）的變更、解除的條件和程序。

·出現爭議時的解決方式以及選定的仲裁機構及所適用的法律。

· 協議（合約）的有效期限。

· 合作期滿時財產清算辦法及債權債務的分擔。

· 協定各方認為需要制定的其他條款。

項目合作協議書（合約）由總公司法人代表簽字生效，或者由

總公司法人代表授權委託代理人簽字生效。

第 29 條：對外長期投資協議簽訂後，公司協同辦理出資、工商和稅務登記以及銀行開戶等工作。

第 30 條：確定對外投資價值及投資收益的原則。

以現金、存款等貨幣資金方式向其他單位投資的，按照實際支付的金額計價。

以實物、無形資產方式向其他單位投資的，按照評估確認的或者合約、協定約定的價值計價。

公司認購的股票，按照實際支付款項計價。實際支付的款項中含有已宣告發放但尚未支付股利的。按照實際支付的款項扣除應收股利後的差額計價。

公司認購的債券，按照實際支付的價款計價。實際支付款項中含有應計利息的，按照扣除應計利息後的差額計價。

溢價或者折價購入的長期債券，其實際支付的款項（扣除應計利息）與債券面值的差額，在債券到期以前，分期計入投資收益。

公司以實物、無形資產向其他單位投資的，其資產重估確認價值與其帳面淨值的差額計入資本公積金。公司以貨幣資金、實物、無形資產和股票進行長期投資，對被投資單位沒有實際控制權的，應當採用成本法核算，並且不因被投資單位淨資產的增加或者減少而產生變動；擁有實際控制權的，應當採用權益法核算，將在被投資單位增加或者減少的淨資產中所擁有或者分擔的數額，作為公司的投資收益或者投資損失，同時增加或者減少公司的長期投資，並且在公司從被投資單位實際分得股利或者利潤時，相應增加或減少公司的長期投資。

公司對外投資分得的利潤或者股利和利息，計入投資收益，按

照規定繳納或者補繳所得稅。

公司收回的對外投資與長期投資帳戶的帳面價值的差額，計入投資收益或投資損失。

第 31 條：對外長期投資的轉讓與收回。

出現或發生下列情況之一時，公司可以收回對外投資。

①按照章程規定，該投資項目經營期滿。

②投資項目經營不善，無法償還到期債務，依法實施破產。

③發生不可抗力而使項目無法繼續經營。

④合約規定投資終止的其他情況。

出現或發生下列情況之一時，可以轉讓對外長期投資。

①投資項目已經明顯有悖於公司經營方向的。

②投資項目出現連續虧損且扭虧無望、沒有市場前景的。

③由於自身經營資金不足急需補充資金的。

④總公司認為有必要轉讓對外長期投資的其他情形。

對外長期投資轉讓應由總公司財務部會同投資業務管理部門提出投資轉讓書面分析報告，報總公司批准。

對外長期投資收回和轉讓時，相關責任人員必須盡職盡責，認真做好投資收回和轉讓中的資產評估等項工作，防止公司資產流失。

第 32 條：公司累計對外投資不得超過公司淨資產的 50%。

第 4 章　對內投資

第 33 條：公司對內投資程序。

· 編制投資項目可行性研究報告。

· 編制投資項目初步設計文件。

· 編制基本建設及技術更新改造年度投資建議計劃。

· 按本制度規定的許可權辦理報批手續。

　　第 34 條：對內投資許可權。對內投資採取限額審批制，超過限額標準的由董事會批准。

　　第 35 條：可行性研究報告的編制。

　　公司項目承辦單位要在充分的調查研究和必要的勘察工作以及科學實驗的基礎上，對建設項目建設的必要性、技術的可行性和經濟的合理性提出綜合研究論證報告。

　　承擔可行性研究工作的單位必須是有資格的工程勘察設計單位或科研單位。

　　建設項目可行性研究報告的編制辦法、內容以及深度按有關規定執行。

　　建設項目可行性研究報告由公司財務部按本制度規定的許可權報批。未經批准不得擅自改變建設項目的性質和規模以及標準，如需改變必須報原審批機構審批。

　　第 36 條：初步設計文件的編制。

　　公司項目承辦單位根據批准的可行性研究報告，委託有資格的勘察設計或科研單位進行工程初步設計。

　　初步設計必須以批准的可行性研究報告為依據，不得任意修改和變更建設內容、擴大建設規模或提高建設標準，初步設計概算總投資一般不應突破已批准的可行性研究報告投資控制數。概算總投資如果超過已批准的可行性研究報告投資控制數的 10%，必須重新報批可行性研究報告。

　　經批准的初步設計文件，如確需進行設計修改和概算調整，必須由原初步設計文件編制單位提出具體修改及調整意見，經建設單位審查確認後報原批准單位批准。

　　第 37 條：年度計劃和統計。

各分支機構所有新建、續建基本建設及技術更新改造項目，必須編報基本建設及技術更新改造年度投資建議計劃。

年度投資建議計劃於每年 9 月底前報總公司審批。總公司於每年 1 月底前下達當年基本建設及技術更新改造年度投資計劃。

凡列入公司基本建設及技術更新改造年度投資計劃的投資項目，不需再行辦理審批手續，當年新增加的基建及技改項目，必須按規定的投資限額辦理報批手續，並增補列入當年的投資計劃。

編制年度計劃，除認真填報有關的計劃表外，還要有必要的文字說明，數位要準確，文字要精練。

各分支機構必須嚴格執行總公司下達的年度投資計劃，無權自行調整，確需調整，必須履行報批手續。

各分支機構必須及時、準確地向總公司報送基本建設及技術更新改造統計報表。

第 38 條：竣工驗收。

基本建設和技術改造工程完工後，項目承辦單位應及時辦理竣工驗收手續。一般由公司財務部協同項目承辦部門組織竣工驗收。

工程竣工驗收參照有關標準執行。

對於工程竣工資料及驗收文件，財務部和項目承辦單位應及時歸檔。

第 5 章　投資管理機構

第 39 條：公司有關歸口管理部門或分支機構為項目承辦單位，具體負責投資項目的資訊收集、項目建議書及可行性研究報告的編制、項目申報立項和實施過程中的監督、協調以及項目竣工後的評價工作。

第 40 條：公司財務部負責投資效益評估、技術經濟可行性分析、

資金籌措，辦理出資手續以及對外投資資產評估結果的確認等。

第41條：對專業性較強或較大型的投資項目，應組成專門項目可行性調研小組來完成其前期工作。

第42條：公司法律顧問和審計部門負責項目的事前效益評估、協定、合約及章程的法律主審。

第43條：公司分支機構的對外投資活動必須報總公司批准後方可進行，各分支機構不得自行辦理。

四、企業投資可行性分析

一、公司概述

××公司位於××市。臨海，素以輕紡工業、港口運輸發達而著稱。近年來由於電力能源匱乏，許多公司能源供應不足，嚴重影響了經濟發展。本公司擬建設規模為××千瓦的機組，以緩解目前嚴重缺電的局面。

本公司在原有××電力公司基礎上擴建的水源、灰場、燃料來源及運輸等外部條件均已落實，環保措施也已經通過環保部門驗收。本公司擴建新增年燃煤量××萬噸，除地方煤礦供應××萬噸外，由外省調運××萬噸。

二、基本數據

1.主要技術數據。公司廠區佔地面積（略）；工程量（略）；施工進度（略）；單位建設週期（略）；單位造價（發電工程×元/千瓦）（略）；施工高峰平均人數（略）；廠用電率：×××%；線損率：×××%：發電利用小時數：××小時；固定資產形成率：×××%；基本折舊率：×××%；貸款償還期（略）；生產流動資金（略）；員工人數：暫定××

人；年平均工資：××元/人‧年；設備大修折舊率（略）；企業留利（略）；稅金（略）；經濟年限：××年；售電價格：××元/度。

2.投資構成。工程投資構成見總概算表（略）。

3.分年度投資計劃。根據總投資額、建設進度及與外商所簽訂的交貨合約，制定分年度投資計劃表（略）。

4.資金籌措。

由美國××銀行以出口信貸支付的成套設備及部份主材貸款××萬美元，按年利率×%複利計算。

由××省和××市統籌集資建設費用及輸變電工程所需費用貸款額××萬元，按年利率×%複利計算。

三、財務評價

1.產品成本。包括發電成本和供電成本兩部份，按現行的財務制度和規定計算。

2.銷售收入、稅金、利潤計算（略）。

3.償還借款資金，包括扣除企業留利後的發電利潤和可用於還款的基本折舊。

4.現金流量分析，主要包括靜態分析和動態分析。前者主要分析逐年現金流量和累計現金流量；後者主要分析財務內部收益變化。

5.財務平衡分析。

(1)投產第一年銷售利潤為××萬元，第二年達到設計生產能力，銷售利潤為××萬元，計算期銷售利潤總額為××萬元，其中發電利潤總額為××萬元。

(2)固定資產借款總額為××萬元，共付借款利息××萬元，償還期為××年，還貸能力強。

(3)從財務平衡表（略）可見，整個計算期×年除償還國內外借

款本金和利息外，企業盈餘資金達××萬元。

四、國民經濟評價

1.修正匯率。實行浮動匯率後，美元呈現日趨疲軟的形勢，將由××上升為××。因此，工程總投資擬按××萬元計算。

2.國民經濟動態分析評價。

經濟現金流量分析。對基礎數據調整後，編制了全部投資和國內投資經濟現金流量表（略）。

經濟淨現值和經濟內部收益率。由經濟現金流量表計算經濟內部收益率（EIRR）為××%，經濟淨現值（ENPV）為××萬元，大於0。

3.社會效益分析。

(1)社會收益和社會投資收益率如下。

　　社會收益＝企業利潤＋銷售稅金＝××萬元

　　社會投資收益率＝社會收益÷總投資×100%＝××%

這項指標低於經濟內部收益率，這是因為還貸期中第×年只有××%的生產能力，影響了社會收益總額，若目標貼現率取××%～××%的平均值，則可認為該指標是符合要求的。

(2)就業效果和勞動生產率如下。

投資就業效果係數＝總就業人數÷項目總投資＝××人/萬元

　全員勞動生產率＝銷售收入÷員工人數＝××萬元/人

儘管就業效果並不理想，但勞動生產率指標很高。

(3)緩解缺電矛盾，間接效益十分顯著。

五、管理戰略評價

1.管理創新發展戰略簡介。（略）

2.利潤構成。（略）

六、風險分析（略）

七、綜合評價

本項目各項財務評價指標較好，表現在以下三個方面。

1.財務內部收益率為××%，高於基準收益率×%。

2.貼現率為××%，財務淨現值為××萬元，大於 0。

3.投資回收期為××年（靜態）和××年（動態），不確定性分析具有一定抗風險能力，因此，本項目的建設從財務上是可行的。

本項目各項國民經濟評價指標也較好，表現在以下三個方面。

1.經濟內部收益率為××%，高於社會折現率。

2.經濟淨現值以××%貼現，大於 0。

3.緩解缺電矛盾等間接效益十分顯著。

五、投資計劃書方案

一、企業簡介與經營目標

1.企業的歷史背景

2.投資項目的情況

項目基本情況分析

①地理位置

②項目營業情況

投資項目的有利條件

優越的地理位置

交通流量和人流量

經營目標

①短期目標

②長期目標

3.項目的籌備與營業時間

籌備時間

籌備人員

營業日期

二、投資計劃與經費明細

1.投資經費統計

· 土地

· 機械設備

· 營業用品

· 裝修

· 開張前費用,包括辦公費用、人員培訓費、宣傳廣告費、開
 張前薪金、開張典禮及贈品費用、其他費用等。

· 經營資金

· 總計

2.經費明細

三、收入預估與損益分析

1.收入預估表

收入預估表如下表所示。

表 6-5-1　收入預估表

單位：萬元

編號	利潤中心	地點	收入/月	收入/年
1				
2				
3				
4				
5				
6				
……				
合計				

2.營業分析表

營業分析表如下表所示。

表 6-5-2　營業分析表

單位：元

科目	金額（小計）	%	金額（小計）	%	備註
營業收入					
××收入					
××收入					
營業成本					
××成本					
××成本					
營業毛利潤					
銷售費用					
人事費用					
員工福利					
營業費用					
稅金支出					
折舊攤銷					
營業淨利潤					
加：服務收入					
本部門直接淨利潤					
減：經理室分攤					
拓展部份攤					
管理部份攤					
財務部份攤					
本部門淨利潤					

四、資金流動與償債計劃

1.開業後最初五年損益預估

開業後最初五年損益預估如下表所示。

表 6-5-3　開業後最初五年損益預估

年度：　　　　　　　　　　　　　　　　　　　　單位：萬元

科目	1	2	3	4	5
營業收入					
營業成本					
營業毛利潤					
銷售費用					
營業淨利潤					
服務收入					
利息支出					
稅前利潤					
營業稅					
稅後淨利潤					
加：折舊費攤銷					
流動資金增加					
貸款本金償還					
流動資金累加					

2.經費籌措與融資用途

(1)資金籌措方式

(2)融資用途

(3)償債計劃

五、投資計劃書結論（略）

第五節　籌資與投資管理流程

一、資金審批工作流程圖

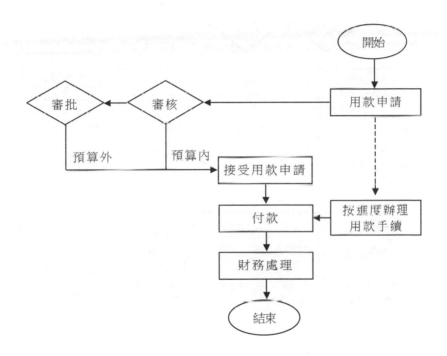

二、籌資管理工作流程圖

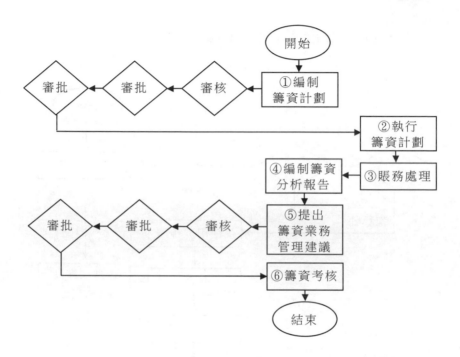

三、銀行借款籌資管理流程圖

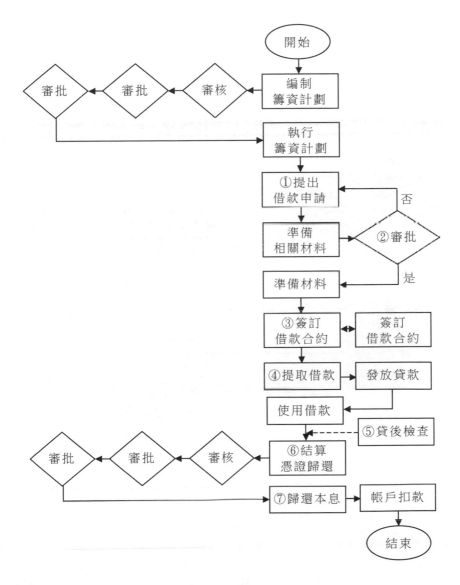

四、公司內部籌資工作流程圖

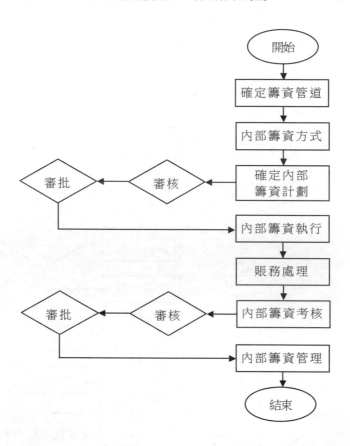

五、公司外部籌資工作流程圖

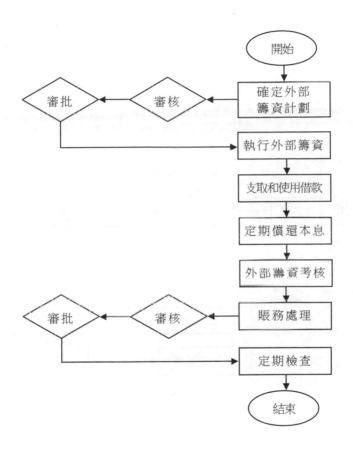

六、投資管理工作流程圖

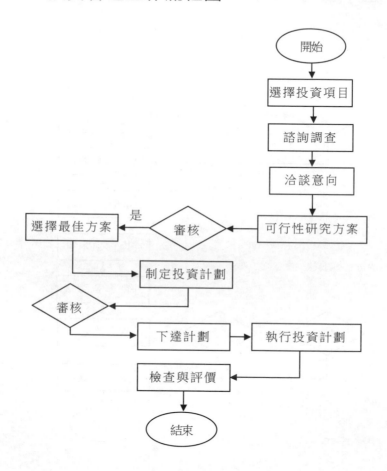

七、投資項目審核工作流程圖

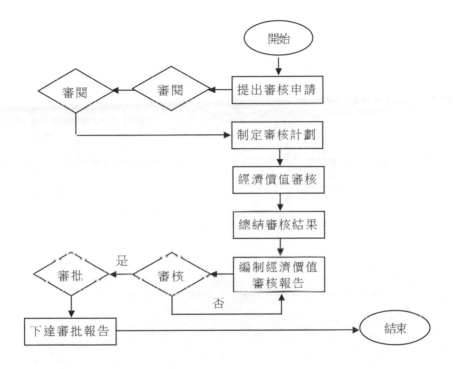

八、投資及項目審批工作流程圖

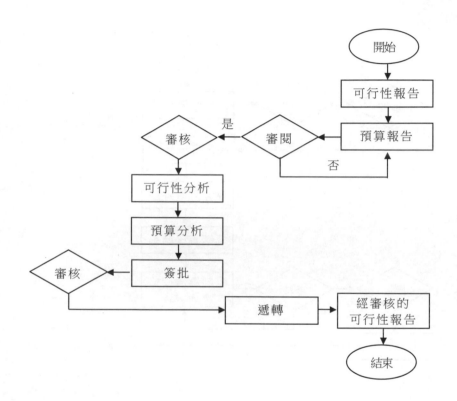

九、資金計劃編制工作流程圖

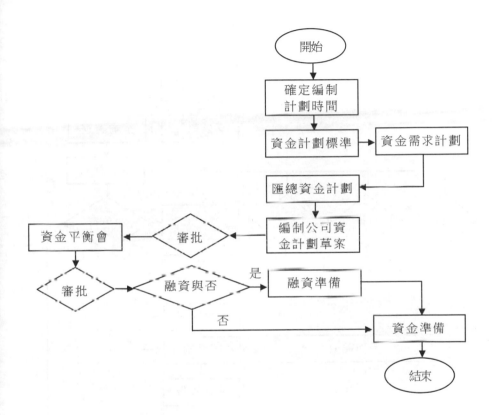

十、投資管理流程圖

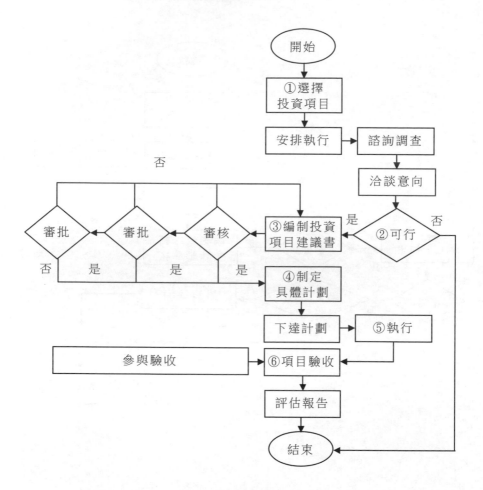

第六節　股票事務管理制度

第 1 章　總則

第 1 條：企業股票事務的處理，除依據有關法令及本企業與證券交易所所訂合約及本企業章程的規定外，按本制度辦理。

第 2 條：企業股票事務，由財務部辦理。

第 2 章　印鑑

第 3 條：企業股票採取記名式發行，股東須使用本名，填蓋印鑑卡。如屬法人，應使用法人全名，填蓋印鑑卡，送企業存查，以後股東向企業商談辦理有關股票事務時，以此印鑑為憑。

第 4 條：股東申請更新印鑑時，應填寫「更換印鑑備案書」及「持有股票清單」，加蓋新舊印鑑，並填蓋新印鑑卡，一併交企業存查，此後即以新印鑑為憑。

第 5 條：股東原印鑑如遺失、毀滅或被盜竊時，應立即通知企業，同時填寫「印鑑掛失更換申請書」及「持有股票清單」，並在企業或股東住所所在地的日報連續刊登印鑑遺失作廢聲明三天，將所刊報紙的全份及政府部門發給的「印鑑證明書」，以及填寫完畢的新印鑑卡交企業存查。企業自收到新印鑑卡之日起一個月內無人提出異議，即予換用新印鑑卡，並註銷舊卡。

第 3 章　過戶及換票

第 6 條：股票轉讓過戶，應由出讓人與受讓人分別在股票背面加蓋印鑑，並填寫「股票轉讓過戶通知書」，由受讓人送企業辦理過戶手續，非經企業蓋章不得生效，受讓人如為新股東時，並依第 3

條的規定填蓋印鑑卡。

第 7 條：股東死亡，繼承人申請過戶時，應由繼承人填寫「股票繼承過戶申請書」，並在股票背面受讓人欄加蓋繼承人印鑑，檢驗身份證、其他繼承人同意書、全戶戶口名簿（包括原股東死亡除籍及所有法定繼承人記載）、印鑑證明書、遺產稅繳清證明書以及其他有關繼承人股權的證明文件等，向企業辦理繼承過戶手續。

第 8 條：換發股票應由股東填寫「換發股票通知書」，加蓋原印鑑，將股票送企業換發。

第 4 章　股票掛失

第 9 條：股票遺失、毀滅或被竊時，應立即由股東填寫「股東掛失申請書」。交企業登記，以憑此通知證券交易所公告，同時由股東在企業所在地及遺失損毀地的日報各刊登三天的連續公告，聲明作廢，隨即填寫「遺失股票補發申請書」，並將刊登啟示的報紙及本人身份證、原印鑑送企業辦理。如由企業股東擔保，則保證人的股權在兩個月內，不得少於擔保時掛失股票的股數。企業接受前項申請書，應認真審查，其最後登啟事之日起經兩個月後，無人提出異議，即予填發新股票。

第 10 條：股東股票及印章均遺失，應申請管轄法院依法裁判確定後，持裁判證明文件填寫「印鑑掛失更換申請書」及「遺失股票補發申請書」，向企業申請補發新股票及更換印鑑。

第 11 條：股票掛失後，所有應領而未領卻已到期的股利，均暫停發放，直到企業核發新股票後，再行補發。

第 5 章　質權設定

第 12 條：股票的質權設定，應由出質人與質權人填寫「質權設定通知書」，由雙方於股票背面及通告書上蓋章，同股票一起交企業

登記，未經企業登記的股票質權不生效力。

第 13 條：股票質權撤銷時，應由出質人及質權人填寫「股票質權撤銷登記通知書」，由雙方於股票背面和通知書上蓋章，同股票一起作為企業質權撤銷的登記。如質權撤銷未經企業登記，企業認為該項質權繼續存在。股票質權所擔保的債權已屆清償期，質權人如未受清償而依法處分股票時，應由質權人及因此而取得股票的所有權人，分別在股票背面加蓋印鑑，並填寫「股票轉讓通知書」，同股票及合法處分的證明文件一併送企業過戶登記，申請登記股票的質權於過戶手續辦妥後銷毀。

第 6 章　發放股利

第 14 條：企業發放股利時應將發放的日期、地點分別通知各記名股東，並依法在報刊上公告。

第 15 條：股東領取股利時應在收據上加蓋印鑑。

第 16 條：股東如因故未能前來本企業指定地點領取股利時，應將股利收據填妥，加蓋印鑑，寄送企業，經查驗無誤後，企業可代查詢。

第 7 章　附則

第 17 條：股東戶籍地址以股東印鑑卡所載為準，如有變更，應隨時填寫「股東更換住址通知書」，通知企業。

第 18 條：股東諮詢或辦理股票事務，以書面提出的均應加蓋原印鑑。

第 19 條：本辦法經企業董事會議通過後施行，修正時亦同。

第 **7** 章

財務部的核算管理

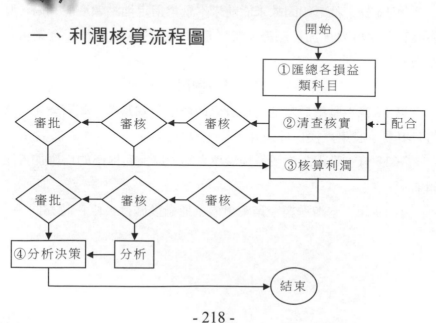

第一節　核算管理流程

一、利潤核算流程圖

開始

①匯總各損益
　類科目

②清查核實 ◀┄┄ 配合

審批 ◀ 審核 ◀ 審核

③核算利潤

審批 ◀ 審核 ◀ 審核

④分析決策 ◀ 分析

結束

二、日記總賬賬務處理流程圖

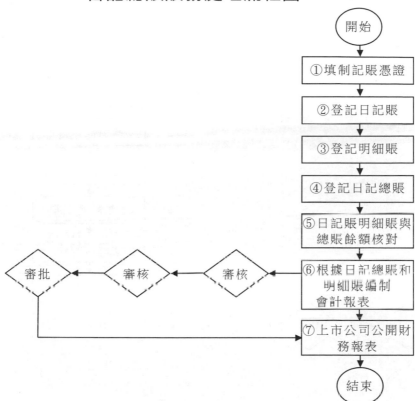

三、記賬憑證財務處理流程圖

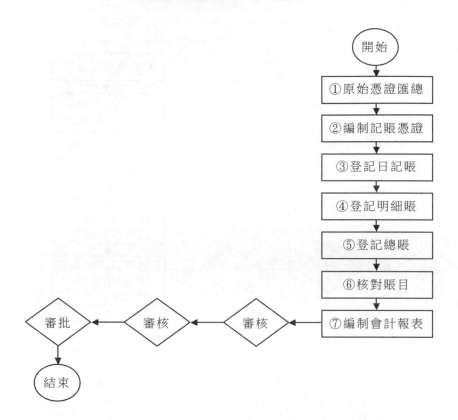

四、科目匯總表核算流程圖

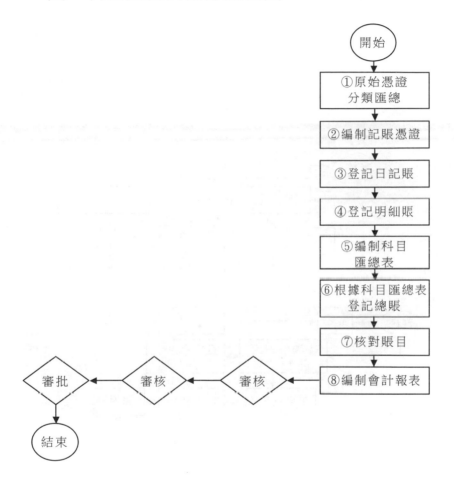

五、固定資產核算流程圖

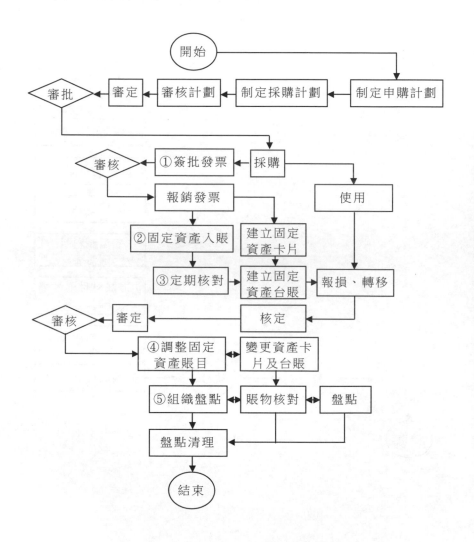

第二節　核算管理制度

一、會計核算管理制度

第 1 章　會計核算基礎工作規定

第 1 條：為適應公司的發展，充分體現會計資訊的可檢驗性，完善我公司的財務工作，制定本制度。

第 2 條：會計科目的運用及帳戶的設置按《會計管理制度》執行，不得任意更改或自行設置。因業務需要新增科目時，需報財務總監批准。

第 3 條：記賬採取借貸記賬法，採用權責發生制，即凡是收益已經實現，費用已經發生，不論款項是否收付，都應作為本期的收益或費用入賬，凡是不屬於本期的收益或費用，即使款項已在本期收付，也不應作為本期的收益或費用處理；一個時期內的各項收入與其相關聯的成本、費用都必須在同一時期入賬，凡是用於增加固定資產而發生的各項支出都應記為資本支出，不得計入費用作為收益支出，凡是為了取得收益而發生的各項支出，都應做收益支出，同時計入成本費用。

第 4 條：會計年度採用歷年制，自西曆每年 1 月 1 日起至 12 月 31 日止為一個會計年度。

第 5 條：記賬用的貨幣單位為本位幣，憑證、賬簿、報表均用法定文字書寫。

第 6 條：會計報表：根據制定的《企業會計制度》並根據董事

會規定的會計報表格式和填報時份數執行。

第 7 條：會計憑證。

使用白製原始憑證和外來原始憑證兩種，自製原始憑證指進貨驗收單、領料單、出庫單、旅差費報銷單、費用開支證明單、調撥單、收款收據、借款條等。外來原始憑證指我單位與其他單位或個人發生業務、勞務關係時，由對方開給本單位的憑證、發票、收據等。

第 2 章　會計核算方法

第 8 條：設置會計科目及帳戶。根據會計對象具體內容的不同特點和管理的不同要求，選擇一定的標準進行分類，並按分類核算的要求，逐步開設相應的帳戶。

第 9 條：複式記賬。複式記賬就是對每一項業務，都以相等的金額同時在兩個或兩個以上的相關帳戶中進行記錄的方法。公司統一使用借貸複式記賬。

第 10 條：填制和審核憑證。對於已經發生的業務，都必須由經辦人或部門填制原始憑證，並簽名蓋章。所有原始憑證都要經過財務部和其他有關部門的審核，並根據審核後的原始憑證編制記賬憑證，作為登記賬簿的依據。

第 11 條：設置與登記賬簿。根據填制和審核無誤的記賬憑證，在賬簿上進行全面、連續、系統的記錄。

第 12 條：成本計算。對應記入一定對象的全部費用進行歸集、計算，並確定各對象的總成本和單位成本。

第 13 條：財產清查。通過實物盤點、往來款項的核對，檢查財產和資金的實有數額。

第 14 條：編制會計報表。根據賬簿記錄的數據資料，採用一定

的表格形式，概括地、綜合地反映各部門和公司一定時期內的經濟活動過程和結果。

第 3 章　會計核算組織程序

第 15 條：根據審核後的原始憑證填制「記賬憑證」。

第 16 條：根據「記賬憑證匯總表」編制「記賬憑證匯總表」，並登記「總分類賬」。

第 17 條：根據原始收、付款憑證登記「現金日記賬」和「銀行日記賬」。

第 18 條：根據記賬憑證及所附的原始憑證登記各「明細分類賬」。

第 19 條：月終，根據「總分類賬」和各「明細分類賬」編制會計報表。

「記賬憑證匯總表」核算組織程序的特點是，先定期（5 天或 10 天）將所有記賬憑證匯總編制成匯總表，然後再根據記賬憑證匯總表登記「總分類賬」。

「記賬憑證匯總表」的編制方法是，根據一定時期的全部「記賬憑證」，按照相同科目歸類，定期（5 天或 10 天）匯總每一會計科目的借方本期發生額和貸方本期發生額，填寫在「記賬憑證匯總表」的相關欄內，以反映全部會計科目的借方本期發生額和貸方本期發生額。

第 20 條：記賬錯誤處理

記賬前發現記賬憑證有錯誤，應先更正或重制記賬憑證。記賬憑證或賬簿上的數位差錯，應在錯誤的全部數位正中畫紅線，表示註銷，並由經辦人員加蓋圖章後，將正確的數字寫在應記的欄或行內。

記賬後發現記賬憑證中會計科目、借貸方式或金額錯誤時，先

用紅字填制一套與原用科目、借貸方向和金額相同的記賬憑證，沖銷原來的記錄，然後重新填制正確的記賬憑證，一併登記入賬。如果會計科目和借貸方向正確，只是金額錯誤，也可另行填制記賬憑證，增加或沖減相差的金額。更正後應在摘要中註明原記賬憑證的日期和號碼，以及更正的理由和依據。

報出會計報表後發現記賬差錯時，如不需要變更原來報表的，可以填制正確的「記賬憑證」，一併登記入賬。如果會計科目和借貸方向正確，只是金額錯誤，也可另行填制「記賬憑證」，增加或沖減相差的金額。更正後應在摘要中註明原「記賬憑證」的日期和號碼，以及更正的理由和依據。

第 4 章　結賬、對賬

第 21 條：結賬是結算各種賬簿記錄，它是在一定時期內所發生的業務全部登記入賬的基礎上進行的，具體內容如下。

在結賬時，首先應將本期內所發生的業務記入有關賬簿。

本期內所有的轉賬業務，應編成記賬憑證記入有關賬簿，以調整賬簿記錄。如待攤、預提費用應按規定標準予以攤銷提取。

在全部業務登記入賬的基礎上，應結算所有的賬簿。

第 22 條：對賬是為了保證賬證相符、賬賬相符、賬實相符。具體內容如下。

賬證核對：將各種賬簿的記錄與會計憑證核對，這種核對主要是在日常編制憑證和記賬過程中進行。月終如果發現賬證不符，就應回過頭來對賬簿記錄與會計憑證進行核對，以保證賬證相符。

賬賬核對每月一次，主要是總分類賬各帳戶期末餘額與各明細分類賬帳面餘額相核對，「現金/銀行存款二級賬」與出納的「現金/銀行存款日記賬」相核對，會計部門各種「財產物資明細類賬」期

末餘額與財產物資管理部門和使用部門的保管賬相核對等。

賬實核對分兩類：第一類「現金日記賬」帳面餘額與現金實際庫存數額相核對，「銀行存款日記賬」帳面餘額與開戶銀行對帳單相核對，要求每月核對一次；第二類各種「財產物資明細分類賬」帳面餘額與財產物資實有數額相核對，各種「往來賬款明細賬」帳面餘額與有關債權債務單位的賬目核對等，要求每季核對一次。

第 5 章　其他

第 23 條：財會人員離職時，必須辦清交接手續，並註明交接日期，由主管人員監交，並出交接雙方簽章，未按規定辦清交接手續的財會人員，不得離職。

第 24 條：本制度自頒佈之日起實施，財務部擁有此制度的最終解釋權。

二、會計憑證處理制度

第 1 章　原始憑證

第 1 條：會計憑證在會計循環中起著重要作用，為加強對會計憑證的管理，正確填寫和使用會計憑證，特制定此制度。

第 2 條：會計憑證包括原始憑證和記賬憑證。

第 3 條：原始憑證的合法性

原始憑證應詳細審核，出現下列情況，應當視為不合法。　填寫的數位計算錯誤。

填寫的數字與規定及事實經過不符。

與法律和企業有關規定不符。

第 4 條：原始憑證的審核

（1）支出憑證的審核

①支付款項應取得收款人的統一發票，但金額較小的可以用收據代替。

②對於企業購進物品或支付費用的原始憑證，應蓋有該企業的印章，並記明下列各項：

A. 該企業的名稱、地址；

B. 商品名稱、規格及數量或費用性質；

C. 單價及總價；

D. 交易日期。

③對於個人支付費用的原始憑證，應記明下列各項：

A. 該用款人的姓名、住址、身份證號碼；

B. 支付款項事由；

C. 實收金額；

D. 收到日期。

（2）收入憑證的審核

①各項收入無論屬於營業收入或者營業外收入均應取得足夠證明收入的憑證；

②各項成品銷售及其他資產出售，所開的統一發票，應記明下列事項：

A. 銷售（或出售）日期；

B. 客戶名稱及位址；

C. 銷售成品或其他資產名稱、數量；

D. 單價及總價；

E. 企業的名稱、地址及印章。

③收入憑證有下列情況之一者，應當視為不合法：

A. 收入計算及條件與規定不合；

B. 收入與事實經過不符；

C. 數位計算錯誤；

D. 手續不全；

E. 其他與法律和企業有關規定不符的情況。

第 2 章　記賬憑證

第 5 條：記賬憑證的合法性

記賬憑證出現下列情況，一般應視為不合法的憑證，並予以更正。

‧ 記賬憑證根據不合法的原始憑證填寫。

‧ 未依規定程序編制。

‧ 記載內容與原始憑證不符。

‧ 《會計法》規定應記載事項未經記明。

‧ 依照規定，應經各級人員簽章，而未經其簽名蓋章；但各單位主管若已在原始憑證上簽章，記賬憑證上可以不簽章。

‧ 有記載、計算錯誤，而未經遵照規定更正。

‧ 其他與法律、企業規章不合的情況。

三、會計記賬處理制度

第 1 條：為規範公司會計記賬處理工作，提高公司的會計工作效率，特制定本制度。

第 2 條：企業在記賬時必須以記賬憑證或原始憑證為依據，賬簿內的會計科目、金額摘要與記賬證一致。

第 3 條：賬簿出現下列情況，視為不合法的賬簿，應予以更正，

如不更正，不得據以編制會計報表：

- · 賬簿的登記未根據規定的記賬憑證或原始憑證；
- · 賬簿的內容與記賬憑證或原始憑證不符，或總分類賬內容與日記賬不符；
- · 記載、計算等錯誤、不依規定更正；
- · 其他與法律不符者。

第 4 條：企業有下列情況之一時，應辦理結賬。

- · 會計年度終了。
- · 企業改組合併。
- · 企業解散。

第 5 條：結賬企業應對下列各項進行整理分錄。

- · 所有預收、預付、應收、應付各科目及其他權責已發生而尚未入賬各事項的整理分錄。
- · 折掉壞賬及其他應屬於本結賬期內的費用整理記錄。
- · 材料、產成品等實際存量與帳面存量不符的整理記錄。

第 6 條：賬簿及重要備查簿內記載錯誤而當時發現的，應由原記賬人員劃雙紅線註銷更正，並於更正處蓋章證明，不得挖補、擦刮或用藥水塗抹。如錯誤於事後發覺，而其錯誤不影響結算的，應由發現人員將情況報告主任會計加以更正。若其錯誤影響結算或相對帳戶的餘額者，應另制傳票加以更正。數位書寫錯誤，無論寫錯一位或數位，均應將該錯誤數額全部用雙紅線劃去，另行書寫正確數字，並由記賬人員蓋章證明。

第 7 條：賬簿及重要備查簿內有兩面中間有空白時，應將空白頁劃餘紅線註銷，如有誤空一行或兩行，應將誤空的行劃紅線註銷，劃線註銷的賬頁空行均應由記賬人員蓋章證明。

第 8 條：各種賬簿的首頁，應列啟用單，標明公司名稱、年度、賬簿名稱、冊次頁數、啟用日期，並由負責人及主任會計蓋章。各種賬簿的末頁，應列經辦人員一覽表，填明記賬人員的姓名、職別、經辦日期。

第 9 條：各種賬簿賬頁編號，除訂本式應按賬頁順序編號外，活頁式賬簿，應按各帳戶所用賬頁順序編號，年度終了時應裝訂成冊。總分類賬及明細分類賬應在賬簿前加目錄。

第 10 條：各種賬簿除已經用盡者外，在決算期前不得更換賬簿，其可長期持續記載者，在決算期後，可不用更換。

四、出納工作規定細則

第 1 章　總則

第 1 條：為規範出納崗位的工作內容，確保現金管理符合內部控制要求，根據有關財務管理、會計核算管理制度的規定，結合本公司的實際情況，特制定本細則。

第 2 條：本細則適用於本公司本部及下屬分公司所有的出納工作內容及工作程序，其他部門對涉及的有關規定也應遵照執行。

第 3 條：本細則主要涉及出納人員的零用款、庫存現金、支票管理，現金、銀行存款的賬務管理，現金盤點等作業。

第 2 章　零用款項的保管與支付

第 4 條：便於零星支付起見，可設零用金，採用定額制，零用金額度由總經理核定，零用金由出納經管。

第 5 條：零用款項的支付由出納憑支付證明單付款，此項支付證明單是否符合規定，出納應負責審核。

第 6 條：零用金的撥補應由出納填寫《零用金補充申請單》兩份，一份自存，一份同所有支出憑證並呈會計部門請款。

第 7 條：除零用金外，本公司一切支付，由會計部門根據原始憑證編制支出傳票，辦理審核後呈主管及總經理核定後支付。

第 3 章　支出管理

第 8 條：本公司出納根據會計部門編制經總經理核准的支出傳票，辦理現金、票據的支付、登記及移轉。

第 9 條：除零用金外，所有支出憑證應由會計部門嚴格審核其內容與金額是否與實際相符，領款人的印鑑是否相符，如有疑問應先查詢後才能支付。

第 10 條：凡一次支付未超過 1 萬者經由零用金支付外，其餘一律開抬頭劃線支票支付。

第 11 條：出納人員對各項貨款及費用的支付，應將本支票或現金交付收款人或廠商，本公司人員不得代領，如因特殊原因必須由本公司人員代領者，需經總經理核准。

第 12 條：本公司一切支付，應以處理妥善的傳票或憑證為依據，任何要求先行支付後補手續者均應予拒絕。

第 13 條：支付款項應在傳票上加蓋領款人印鑑，付訖後加蓋付訖日期及經手人戳記。

第 14 條：本公司支付款項的付款程序，悉依照下列步驟辦理。

(1)原始憑證的審核

①內購、工程發包款：應根據統一發票、普通憑證，以及收到貨物、器材的驗收單並附請購單經有關單位簽章證明及核准，始得送交會計部門開具傳票。

②預付、暫付款項：應根據合約或核准文件，由總辦單位填具

請款單，註明合約文件字型大小，呈報核准後送交會計部門開具傳票。

③一般費用：應根據發票、收據或內部憑證，經有關主管簽章證明及核准，始得送交會計部門開具傳票。

(2)會計憑證的核准

①會計部門應根據原始憑證開具傳票。

②會計部門開具傳票時，應先審核原始憑證是否符合稅務法令及公司規定的手續。

③傳票經主管及總經理核准後，送交會計部門轉出納辦理支付工作。

第15條：有關外匯結匯款及各項費用的支出款，應填具《請款單》，檢附輸入許可證影本，送交會計部門以「預付」或「暫付」方式制票轉出納辦理支付。

第16條：本公司各項支出的付款日期如下。

國內採購貨品的付款，每月 25 日付款一次（星期日及假日順延），以原始憑證經核准後於付款日前 5 日送達會計部門者為限。

一般費用的付款：經常發生的費用，仍以前項期限辦理，內部員工費用，每天支付的，以原始憑證齊全並經核准者為限。

工資的付款

①職員每月 10 日。

②作業員：分 10 日、25 日兩次給付。

因特殊情況需提前支付者，得由經辦部門另行簽呈主管並轉呈總經理批准後，再予支付。

第17條：會計部門支付款項若有扣繳情況時，應將代扣款項於次月 10 日前填具政府規定的報繳書向公庫繳納，並以影本一份並附

於傳票後,凡有扣繳稅款及免扣繳應申報情事者,會計部門應於次年元月底前填具政府規定的憑單向稽征機關申報,並將正、副本交各納稅義務人。

第 18 條:工資的支付,應由行政人事部根據考勤表編制「工資表」,於付款期限前一日送交會計部門。

第 4 章 其他規定

第 19 條:業務部門收到貨款後,應將其中所收貨款解繳出納,出納應將解繳憑證送交會計部門,並據以編制傳票。

第 20 條:凡依法應扣繳的所得稅款及依法應貼用印花稅票,若因主辦人員的疏忽發生漏扣、漏報漏貼或短扣、短報、短貼等事情以致遭受處罰者,以及發生勞工保險費滯繳的,其滯納金及罰金應由主辦人員及其直屬主管負責賠償。

第 21 條:本規定由財務部制定,經總經理辦公會議審核,總經理審批後執行,修改亦同。

第 22 條:出納管理相應工作步驟說明

· 公司庫存現金、支票管理

· 現金、銀行存款賬務管理

· 現金盤點

表 7-2-1　公司庫存現金、支票管理表

步驟	工作內容	涉及崗位	步驟說明
1	銷售收款	出納	出納負責保管庫存現金及空白支票
2	現金及票據業務	出納	出納嚴格按照現金支取規定、票據管理規定執行庫存現金的支取和票據的領用及收存程序
3	印章管理	出納會計	出納保管財務章，由會計保管法人代表名章

表 7-2-2　現金、銀行存款賬務管理表

步驟	工作內容	涉及崗位	步驟說明
1	賬務登記	出納	出納負責登記每日現金日記賬和銀行存款日記賬
2	賬務核對	總賬會計	月末現金日記賬和銀行存款日記賬交總賬會計核對
3	銀行對賬	出納財務部經理	每月出納將銀行存款日記賬與銀行對帳單核對，制定《銀行餘額調節表》，財務部經理審核簽字

表 7-2-3　現金盤點表

步驟	工作內容	涉及崗位	程序說明
1	日盤	出納會計	出納每日業務結束後進行庫存現金的盤點，由會計監盤
2	盤點結果核對	出納	出納將盤點結果與現金日記賬核對，盤點與核對結果記錄於《現金日報表》
3	月抽盤	出納總賬會計	每月由總賬會計負責監盤庫存現金盤點，出納將盤點與核對結果記錄於《現金盤點表》和《現金日報表》
4	盤點差異處理	出納會計財務經理	盤點出現的重大差異，由出納及會計人員共同追查原因，並向財務部經理彙報，進行相關賬務處理和責任追究

第 8 章

財務部的成本會計管理

🔊 第一節　財務制度工作流程

一、財務制度設計工作流程圖

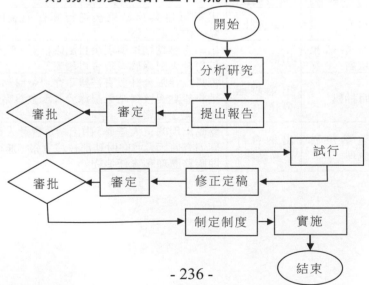

二、財務計劃編制工作流程圖

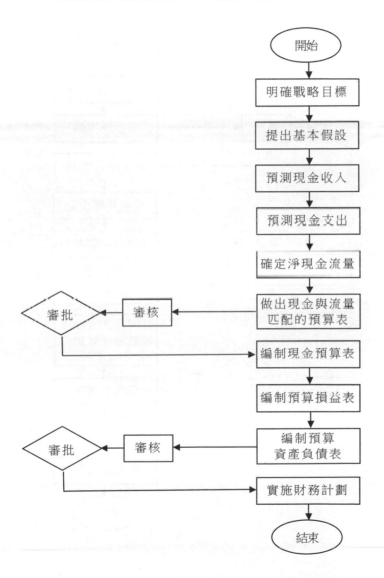

開始

明確戰略目標

提出基本假設

預測現金收入

預測現金支出

確定淨現金流量

做出現金與流量匹配的預算表

審批　←　審核

編制現金預算表

編制預算損益表

編制預算資產負債表

審批　←　審核

實施財務計劃

結束

三、財務預測管理工作流程圖

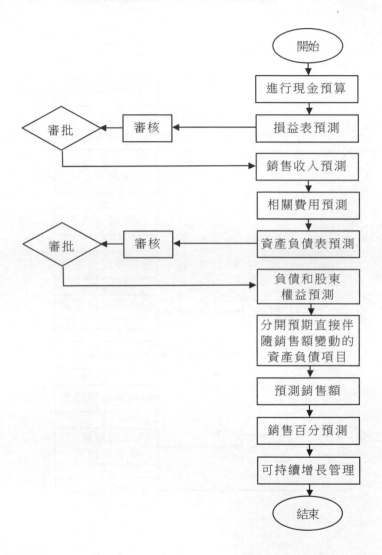

四、日記賬、總賬賬務處理工作流程圖

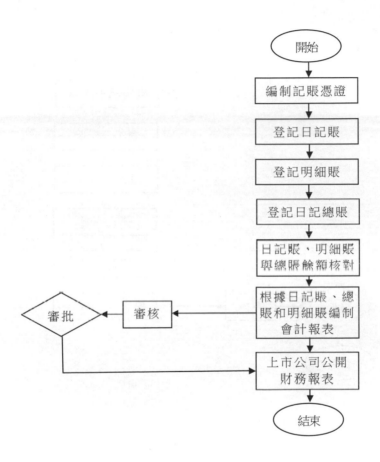

五、記賬憑證賬務處理工作流程圖

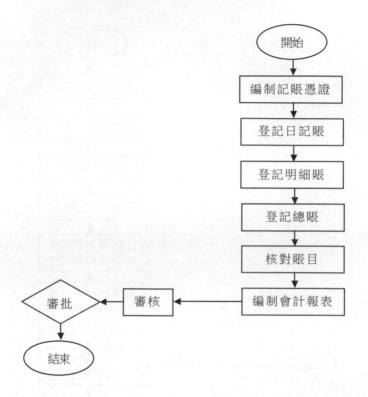

六、匯總記賬憑證賬務處理工作流程圖

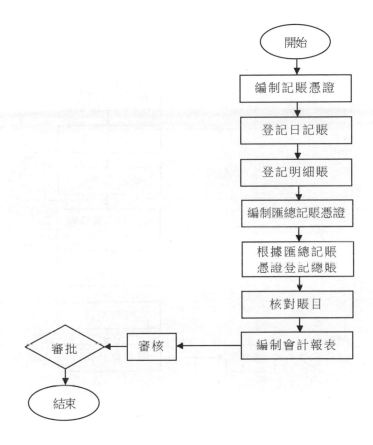

七、科目匯總表核算工作流程圖

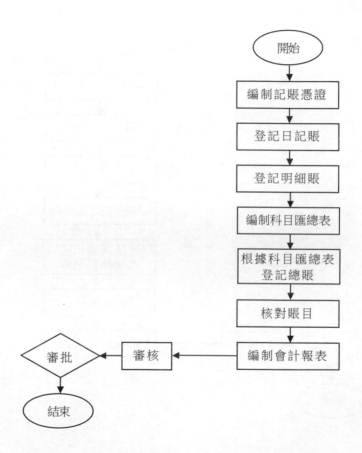

第二節　成本會計管理制度

一、成本管理制度

第 1 章　總則

第 1 條：財務部受總經理和財務總監的直接領導，是生產成本管理的主管部門，其職能是根據公司的生產經營決策，全面負責本公司的生產成本管理工作。

第 2 章　預算編制

第 2 條：生產成本的預算編制。

生產成本預算編制程序。各有關部門按照預算編制的要求，在每年 11 月份，向財務部提供下一年度及每月的成本預算資料，財務部於每年 12 月份編制下一年度成本預算，經總經理審查後，於 12 月底上報董事長，經批准後貫徹執行。

⑴生產成本的預算編制分工。

財務部負責組織全公司生產成本預算的編制。與生產成本有關的各專業管理部門按照職責分工，分別負責生產技術指標的制定、分管專業和生產成本的預算編制。

⑵生產成本的預算編制要求。

財務部根據公司預算管理要求，結合上年度的成本實際完成情況，以及公司下達的年度定額成本計劃及本公司的實際情況，編制本年度生產成本預算。

生產預算的調整。因生產及幕後調整而影響生產技術指標的變

動，以及因集團公司因素而引起的成本增減，財務部按有關程序申請調整預算。月生產計劃、各項生產技術指標的調整文件或資料，專業管理部門應及時提交財務部。

第 3 條：生產成本的控制。

按照全面預算管理的要求，建立定額成本管理體系。

進行歸口分級管理，明確各部門的職責與許可權。進行生產費用的測算、事後生產費用指標的分解與下達，以及生產成本預算的調整。

全面預算在生產計劃下達後，財務部結合採購計劃、材料價格、工資預算、銷售計劃，水、電、氣消耗等另行編制。

第 4 條：生產成本預算的考核。

按照全面預算管理的要求，建立定額成本管理的監督體系。確立總經理為目標成本管理的第一負責人。

確立由生產部長、財務部長以及與生產成本管理相關的各部門負責人組成目標成本監督小組。

各專業部門按照目標成本管理的要求，對所管理的費用項目進行事前控制，確保目標的實現。

財務部按照成本習性，對生產基地目標成本管理工作負有業務指導與監督義務。對於出現的一般問題，財務部部長直接解決，解決無效時報總經理解決。

第 3 章　成本核算

第 5 條：生產成本核算。

產品核算原則以《企業會計準則》為準，核算方法以《股份制會計制度》為準。

成本核算報告以財務報表形式編制，報表分月報、季報、年報

三種。

第 6 條：生產成本分析。

生產成本分析，由財務部組織專業管理部門進行，按分工開展各項工作。

成本分析採取靈活多樣的樣式，即將全面分析與專題分析，專業分析與群眾分析，事前、事中分析與事後分析，定期分析與不定期分析相結合。

事後的生產分析是向總經理進行書面報告的最主要的形式，財務部的成本分析報告應於規定時間內完成。

各專業管理部門分管指標的分析分別於每月 30 日前以書面形式提交財務部。

月主要分析生產成本與經濟技術指標的偏差，季主要進行專題分析，半年或年度分析主要進行成本綜合分析，既要與上年同期比，又要與年度目標成本計劃比。

分析的目的：揭示成本管理中存在的薄弱環節，充分暴露矛盾，制定降低成本的具體措施，保證目標成本的實現。

按月、季、年召開成本分析會議，就成本管理中出現的問題制定整改措施，做出相應決議，定人、定事、定口期，並指定有關部門會後檢查與總結，成本分析會議可結合經濟活動分析會進行。

第 7 條：本制度由財務部制定，經總經理審批後自頒佈之日起執行。

二、分批成本會計制度

第 1 章　總則

第 1 條：本制度是依本公司會計處理準則而制定。

第 2 條：成本是指製造產品所需提供的原物料、勞務及其他開支，即在產品製造過程所發生的一切費用支出。

第 3 條：本公司產品成本包括下列各項：

· 直接材料；

· 物料；

· 直接人工；

· 製造費用。

第 4 條：本公司採取分批成本計算方式計算產品的成本。

第 5 條：本公司成本計算以產品為中心。

第 6 條：成本結算期間以每月計算一次為原則。

第 7 條：計算成本金額以元為準，但單位成本精確到小數佔後兩位。

第 8 條：本公司產品的計算均以 PC（個）為單位。

第 9 條：生產部門應每日將原材料領用報表、生產報表價報送會計部門，人事部門應於次月 5 前將各部門檢查後的薪金資料報送會計部門作為計算成本濃據。

第 10 條：成本會計的計算應按產品分類做出單位成本的分析，供各部門生產管理或決策用。有超量耗用原材料、人工或費用發生時，應查明原因，提出報告。

第 2 章　材料成本的處理

第 11 條：計入成本的材料包括以下幾類：

· 直接材料；

· 物料；

· 間接材料。

第 12 條：材料成本的計算，採用加權平均法，新購進材料價格除其貨款外，其他附加費用（如運費、保險費、關稅等）均應計入材料成本。

· 材料領用及退回均應填具領料單、退料單，辦理進退料手續。

· 領料憑證、退料憑證應依規定填寫並經有關主管核准。

· 發料人員應將領料、退料或發貨單據加以連續編號，於次日送交會計人員登人存貨賬。

第 13 條：倉庫部門每月 5 日前應將本月的收發存月報表按材料、產品分類報送會計部門核對。

第 3 章　人工成本的處理

第 14 條：人工成本為支付給員工的基本工資、加班費、獎金及各項津貼補助、勞動保險等。

第 15 條：人工成本依照人事部門每月編制的「薪金發放表」區分為直接人工成本後間接人工成本。

(1)直接人工成本：生產部門直接從事生產操作、維護及現場主管人員的勞動報酬，其人工成本依其重點產品分攤率分別攤入該產品內。

(2)間接人工：服務部門員工報酬及主管級人員的薪金，分別計入產品以作為製造費用的一部份。

第 16 條：會計部門依據「薪金發放表」編制轉賬傳票登賬。

第 4 章　製造費用的處理

第 17 條：製造費用發生時應按其性質根據有關原始憑證編制記賬憑證，並記入製造費用明細分類賬，而各項費用於每月終了結總後編制「費用匯總比較表」。

第 18 條：每月服務部門的費用計入「費用匯總比較表」，並依「人工費用分攤基準表」分攤計算。

第 5 章　成本計算

第 19 條：成本計算分為三大單元獨立作業：

(1)原材料成本計算；

(2)直接人工成本計算；

(3)製造費用成本計算。

第 20 條：成本計算依據下列資料：

(1)生產月報表；

(2)薪金發放表；

(3)原材料收發存月報表；

(4)費用匯總比較表。

第 6 章　成品生產成本計算辦法

第 21 條：本公司電解式電容器的成本計算採用分批實際成本計算制度。

第 22 條：各成品的材料標準耗損率，直接人工與製造費用分攤率和現有機台、人員配備月標準產量等由生產管理部門設定。

第 23 條：會計人員根據生產管理部門設定的標準產量制定出整個公司的標準材料成本、標準直接人工與標準製造費用，並按生產管理部門規定的損耗率、分攤率分別設定出各產品的單位標準生產成本。

第 24 條：產品標準成本表每年視原料、直接人工及製造費用實際變動狀況予以修正。

第 25 條：會計人員每月根據實際直接人工與製造費用的資料編制「費用總比較表」，匯總統計當月發生的製造成本，按「基準單位成本分攤計算表」分攤計算各月的基準單位直接人工及製造費用。依據倉庫管理人員編制的「原材料收發存月報表」的資料核對會計庫存賬，統計當月各類材料耗用金額，並以「基準單位成本分攤計算表」分攤計算各月基準單位材料成本。

第 26 條：會計人員最後將該月依「基準單位成本分攤計算表」計算得出的基準單位材料、直接人工與製造費用成本記入「產品別生產成本計算表」各基準單位成本欄內；各規格的直接人工、製造費用視材料的分攤率分別記入成本計算分攤率欄內，並以此計算材料、直接人工及製造費用的單位成本，且合計為實際製造單位成本。

第 7 章　統制帳戶及報告

第 27 條：公司成本帳戶與普通帳戶採用合一總賬制，在總賬中設統制科目，控制成本明細分類賬。

第 28 條：各總賬上的科目，其月底餘額應與各有關成本明細賬餘額的總和相符。

第 29 條：成本會計報告的內容與普通會計報告內容相互聯繫者，應互相核查，其編制應以會計簿記的記錄為依據。

第 30 條：本制度呈總經理核准後實施。

三、品質成本管理制度

第 1 章　總則

第 1 條：為動員全廠各部門、各工廠的全體職工，對品質及產品品質成本進行核算、分析、控制和考核，提高管理水準，增加效益，保證本廠產品在品質、成本和效益三者之間取得最佳的結合，特制定本制度。

第 2 條：品質成本管理是一項系統工程，需要本企業各部門全面協同配合。各部門在品質成本管理上，應按本制度規定的職能，發揮各自的作用。

第 2 章　管理機構的設置

第 3 條：品質成本涉及面廣、專業性強，為搞好這項工作，決定建立以總會計師為首的品質成本管理中心，中心由「全質辦」、財務科、技術科、服務科、科研所、銷售科負責組成，定期開展品質成本分析研究。

第 4 條：按照「歸口管理、集中核算」的原則，由工廠成本核算員、科室專（兼）職核算員負責本單位品質成本核算，財務科設專職品質成本會計，負責全廠品質成本核算。品質成本核算程序，實行工廠（職能部門）和廠部（財務科與「全質辦」）兩級核算體制。

第 3 章　品質成本核算的基本任務和內容

第 5 條：正確核算品質成本、品質收入和品質效益，降低控制品質過程的耗費，爭取品質收入的提高，尋求增加品質效益的途徑和方法，為提高品質管理提供資訊資料。

第 6 條：品質收入包括新產品研究收入、設計試製收入、生產

品質收入、品質檢驗收入、銷售品質收入、技術服務收入和其他收入等。

第 7 條：品質成本包括新產品試製成本、內部故障成本、外部故障成本、鑑定成本和預防成本等。

第 8 條：品質收益包括本期實現品質收益、潛在品質收益、品質社會效益等。

第 9 條：品質成本核算要劃清三個界限：劃清品質成本收益與非品質成本收益的界限；劃清各種產品的品質成本與品質收益的界限；劃清品質成本中實現收益與潛在收益的界限（或顯見與隱含的的界限）。按照本企業實際情況，確定品質成本開支範圍如下。

- 開展全面品質管制活動所耗用的材料、辦公費、差旅費及勞動保護費。
- 品質檢測的儀器、儀錶、工量具購置、折舊和維護費用。
- 產品、半成品、外購件和原材料的試驗、檢驗、評審費。
- 品質管制人員工資、附加費和部門經費。
- 產品出廠前由於品質缺陷造成的材料和人工等損失，包括廢品損失、不合格品返修費用、產品降級損失、停工損失等。
- 用於品質管制的獎勵支出與培訓費。
- 其他與品質管制有關的費用。

第 10 條：加強基礎工作，各單位要根據品質成本核算的要求，健全原始記錄與管理制度，把會計核算的原始記錄統一起來，使預測、計劃、控制和考核分析工作標準化、程序化、制度化。

第 11 條：根據核算要求，建立統計台賬，做好品質資料的統計與檔案工作，以便形成完整的歷史資料。

第 12 條：品質成本計劃與控制是 TQC 計劃的重要組成部份，也

是控制產品品質和生產工作品質的科學手段。每季均應由「全質辦」牽頭，財務科配合，編制品質成本計劃。

第 13 條：以產品品質形成過程為控制對象，做到日常控制、事前控制和定期檢查相結合，以班組為重點，進行工序控制，使品質、成本與效益達到最佳結合。

第 4 章　核算方法

第 14 條：採用會計核算與統計核算相結合的方法，對於實現（或顯見）收支採用會計核算方法，對於潛在（或隱含）收支採用統計核算方法。對於品質成本，以會計核算為主，對於品質收入與收益，則以統計核算為主。

第 15 條：採用品質核算與財務會計核算相結合的形式，可不專設品質核算科目與帳戶。

第 16 條：實行品質成本核算與考核，促使品質成本下降，產品升級創優，增強產品的競爭能力與市場佔有率，擴大產品銷售，給企業帶來現實和潛在的效益。因此，在計算品質成本的同時，還要計算品質收入和效益。一般主要採用統計核算方法。

品質成本是保證和提高產品品質的耗費，品質收入則是產品品質提高的所得。

第 5 章　品質成本的分析與考核

第 17 條：每月要進行一次品質成本分析，各工廠、各部門主要應對品質成本的各個項目發生額及其增減原因進行分析說明；財務科主要進行數據分析；「全質辦」負責綜合分析。

數據分析，主要是從品質成本絕對額的升降、項目構成的變化趨向，找出品質成本管理工作的關鍵問題。通過構成分析與因素分析，觀察變化趨勢是否合理，明確變動影響的因素，使之符合以下

要求：故障成本為最低值、鑑別與預防成本保持必要水準、兩者變動值之和達到最大正值。

綜合分析，要結合產品生產品質和品質成本的變化與聯繫，運用數理統計和 TQC 的基本方法，對影響產品與生產品質的重要因素進行深入調查，應用排列圖、對比圖、趨勢圖及品質成本曲線圖等，既可制訂出提高產品與生產品質水準的具體措施，又找到品質成本最佳區域以及降低品質成本的辦法。

表 8-2-1　考核和評價指標

	項目	上年		本年		增減	
		金額	比重	金額	比重	金額	比重
質量成本	內部故障成本						
	外部故障成本						
	鑑別成本						
	預防成本						
總計							
質量核算指標	品質成本比重率						
	銷售收入品質成本率						
	產值品質成本率						
	銷售收入品質收入率						
	銷售利潤品質收益率						
文字說明							

第 18 條：在廠長領導下，由總工程師負責組織改進產品品質，從而降低品質成本；總會計師組織品質成本核算工作；財務科負責全廠品質成本核算，匯總編制品質成本報表。「全質辦」負責 TQC 和品質成本工作的綜合組織、監督和管理工作，制定品質和品質成本計劃，並按月考核，考核表如下。

四、費用管理的控制方案

一、辦公費用管理辦法

辦公費用指為滿足日常辦公需要所發生的費用，包括購買辦公用品（文具、複印紙、辦公飲用水等）、郵遞、名片製作、刻章、配鑰匙、外出複印等雜費。

（一）歸口管理部門

1.歸口管理部門──經理辦公室，負責辦公用品的日常實物管理。

2.辦公用品由機關員工按經理辦核定標準自行領用。

經理辦公室每月對員工辦公用品領用情況進行匯總，經經理辦公室主任審核，對費用超支人員及時提示，並視情況對下月辦公用品領用額度進行核減。

（二）報銷審批許可權

辦公費用單筆金額超過 1 萬元（含 1 萬元）由分公司經理審批。

簽批流程：經辦人→部門負責人→經理辦負責人→財務部門負責人→主管（總會計師）→分公司經理→財務報銷

辦公費用單筆金額在 4000 元（合 4000 元）到 1 萬元之間，由主管（總會計師）審批。

簽批流程：經辦人→部門負責人→經理辦負責人→財務部門負責人→主管（總會計師）→財務報銷

辦公費用單筆金額在 4000 元以下的由部門經理審批。

簽批流程：經辦人→部門負責人→經理辦負責人→財務部門負責人→財務報銷

（三）辦公費用年度控制總金額不應超過年度預算。

二、修理費管理辦法

各部門設備出現品質問題需報經理辦公室，對於保修期內的設備，由經理辦公室直接聯繫廠家維修。對於保修期以外的設備，經理辦公室接到報修後，先與維修站聯繫，確定修理費用，然後報有關主管審批後進行維修。

（一）歸口管理部門

歸口管理部門——經理辦公室，負責機關修理費用的日常管理。

（二）報銷審批許可權

設備維修費用單筆金額超過 2000 元（含 2000 元）由主管（總會計師）審批。

簽批流程：經辦人→部門負責人→經理辦負責人→財務部門負責人 →主管→總會計師→財務報銷

設備維修費用單筆金額在 2000 元以下的由部門經理審批。

簽批流程：經辦人→部門負責人→經理辦負責人→財務部門負責人→財務報銷

（三）修理費年度控制總金額不應超過年度預算。

三、印刷費管理辦法

印刷費是指因公印製文件、會議材料、資料、期刊、書籍、年鑑、宣傳品、講義、培訓教材、報表、票據、證書、公文用紙、信

封等印刷品所發生的費用。

（一）歸口管理部門

歸口管理部門——經理辦公室，負責印刷費用的核定、品質與監督執行，堅持從簡、質優、價廉的原則。

業務部門提出書面申請，交經理辦公室，經審批同意後，統一由經理辦公室聯繫印刷。

（二）報銷審批許可權

印刷費用單筆金額超過 2000 元（含 2000 元）由主管（總會計師）負責審批。

簽批流程：經辦人→部門負責人→經理辦負責人→財務部門負責人→主管→總會計師→財務報銷

印刷費用單筆金額在 2000 元以下由部門經理審批。

簽批流程：經辦人→部門負責人→經理辦負責人→財務部門負責人→財務報銷

（三）印刷費年度控制總金額不應超過年度預算。

四、微機網路費用管理辦法

微機網路費用是指分公司機關使用的網路及網路設備的維護、服務費用。

（一）歸口管理部門

歸口管理部門——生產計劃部，負責網路的使用、維護、簽訂服務合約、備案、付款手續等日常工作。

（二）報銷審批許可權

微機網路費用單筆金額超過 2000 元（含 2000 元）的由主管（總會計師）負責審批。

簽批流程：經辦人→部門負責人→生產計劃部負責人→財務部

門負責人→主管→總會計師→財務報銷

微機網路費用單筆金額在 2000 元以下的由部門經理審批。

簽批流程：經辦人→部門負責人→生產計劃部負責人→財務部門負責人→財務報銷

（三）微機網路費用年度控制總金額不應超過年度預算。

五、廣告費管理辦法

廣告費是指分公司因企業形象及產品宣傳需要而在各類媒體上進行廣告發佈發生的費用。

（一）歸口管理部門

歸口管理部門——審計企管部，負責預算控制、對外談判並簽訂合約，費用確定按規定標準執行或經主管研究決定。

（二）報銷審批許可權

廣告費單筆金額超過 2000 元（含 2000 元）由主管（總會計師）審批。

簽批流程：經辦人→部門負責人→審計企管部負責人→財務部門負責人→主管→總會計師→財務報銷

廣告費單筆金額在 2000 元以下的由部門經理審批。

簽批流程：經辦人→部門負責人→審計企管部負責人→財務部門負責人→總會計師→財務報銷

（三）廣告費年度控制總金額不應超過年度預算。

六、業務宣傳費管理辦法

業務宣傳費是指分公司因對外宣傳需要而設計製作印刷品、影音資料、促銷品，展示場所設計佈置等發生的費用。

（一）歸口管理部門

歸口管理部門審計企管部，負責預算控制、對外談判確定費用

並簽訂合約。

（二）報銷審批許可權

宣傳費在預算範圍內單筆金額超過 1 萬元（含 1 萬元）由分公司經理審批。

簽批流程：經辦人→部門負責人→財務部門負責人→總會計師→分公司經理→財務報銷

宣傳費單筆金額在 2000 元（含 2000 元）到 1 萬元之間的由主管（總會計師）審批。

簽批流程：經辦人→部門負責人→主管（總會計師）→財務部門負責人→總會計師→財務報銷

宣傳費單筆金額在 2000 元以下的由部門經理審批。

簽批流程：經辦人→部門負責人→財務部門負責人→財務報銷

（三）業務宣傳費年度控制總金額應在年度預算之內。

七、圖書資料費管理辦法

圖書資料費是指分公司機關訂閱專業書籍、參考資料及報刊雜誌的支出。

（一）歸口管理部門

歸口管理部門——工作部負責預算控制、訂閱及報銷等日常工作。

（二）報銷審書批許可權

圖書資料費單筆金額超過 2000 元（含 2000 元）由主管（總會計師）審批。

簽批流程：經辦人→部門負責人→財務部門負責人→主管→總會計師→財務報銷

圖書資料費在預算範圍內單筆金額在 2000 元以下的由部門經理

審批。

簽批流程：經辦人→部門負責人→財務部門負責人→財務報銷

（三）年度圖書資料費總金額應控制在年度預算之內。

八、業務招待費管理辦法

業務招待費按年度定額預算實行總額控制，部門經理根據業務需要，嚴格控制使用，超過預算額度業務招待費用未經分公司經理批准財務資產部一律不予報銷。

（一）報銷審批許可權

業務招待費單筆金額超過 3000 元（含 3000 元）由分公司經理審批。

簽批流程：經辦人→部門負責人→財務部門負責人→主管（總會計師）→分公司經理→財務報銷

業務招待費單筆金額在 2000 元（含 2000 元）到 3000 元之間的由主管（總會計師）審批。

簽批流程：經辦人→部門負責人→主管（總會計師）→財務部門負責人→財務報銷

業務招待費單筆金額在 2000 元以下的由部門經理審批。

簽批流程：經辦人→部門負責人→財務部門負責人→財務報銷

（二）年度業務招待費總金額應控制在年度預算之內。

五、成本控制制度範本

第 1 章　總則

第 1 條：為提高效益，根據有關成本費用的管理規定，結合本公司實際，特制定本制度。

第 2 條：在成本預測、決策、計劃、核算、控制、分析和考核等成本管理各環節中，以成本控制為中心，從而實現公司目標成本，增加效益。

第 3 條：成本控制由總會計師負責組織，以財務部門為主，其他有關部門密切配合，按照分級歸口管理原則實行成本管理責任制。

第 4 條：公司實行目標成本管理，將目標成本層層分解，建立成本中心；同時，據此制定公司總部、分公司、部門、工廠、班組、各崗位或員工個人的《目標責任成本表》。

第 5 條：在生產、技術和經營的全過程中開展有效的成本控制。

1. 在市場預測、設計、科研、試製等過程進行成本預測、決算，確定目標成本，同時制定費用預算和成本計劃，進行成本的事前控制。

2. 在生產、製造等過程實行定額成本或標準成本核算，分析和控制成本的差異，並將成本指標分解，進行成本的事中控制。

3. 在銷售、技術服務等過程，編制經營成果、成本指標完成情況以及成本報表，並對目標責任成本及降低成本的任務進行考核分析，完成成本的事後核算。

第 6 條：嚴格遵守有關規定的成本開支範圍和費用開支標準，不得擴大和超過。對於亂擠成本、擅自提高開支標準、擴大開支範圍的，財會人員有權力監督、勸阻，可以拒絕支付，並有權向上級財務主管部門直至總經理報告。

第 7 條：公司的下列支出，不得列入成本費用：為購置和建造固定資產、購入無形資產和其他資產的支出；對外投資的支出；被沒收的財物；各項罰款、贊助、捐贈支出；有關規定不得列入成本費用的其他支出。

第 2 章　成本控制基礎

第 8 條：做好各種定額工作，要求數據完整、準確。

1. 產品的材料消耗定額應由技術部負責歸口制定、管理。

2. 產品的外購配套件消耗定額由設計部負責歸口制定、管理。

3. 設備的產品配件消耗定額由設備動力部負責歸口制定、管理。

4. 工具消耗定額由工具部負責歸口制定、管理。

5. 勞動工時定額由人力資源部負責歸口制定、管理。

6. 成本費用及資金定額由財務部負責歸口制定、管理。

第 9 條：制定公司內計劃價格，力求合理、穩定。該價格一般一年內不變，但每年要結合實際情況調價一次，從而減少價差。

1. 材料物資計劃價格由供應部歸口制定，由財務部統一管理。

2. 工具計劃價格由工具部歸口制定，由財務部統一管理。

3. 備品配件計劃價格由設備動力部歸口制定，由財務部統一管理。

4. 技術協作計劃價格由生產計劃部歸口制定，由財務部統一管理。

第 10 條：整理原始記錄，做好統計工作，要求做到憑證完整、數據準確、報表及時。

1. 生產原始記錄格式應由生產計劃部歸口制定。

2. 技術原始記錄格式應由技術部歸口制定。

3. 材料物資原始記錄格式應由各材料物資部歸口制定。

4. 設備動力物資原始記錄格式應由設備動力部歸口制定。

5. 財務成本原始記錄格式應由財務部歸口制定。

第 11 條：配備好計量裝置和流量儀錶，要求做到計量準確、計費合理。

1. 材料物資的計量裝置由材料供應部歸口購置管理。

2. 氣、水、電的流量儀錶由設備動力部歸口購置管理。

3. 所有計量裝置和流量儀錶由計量部負責統一校正、維修管理。

第 12 條：建立財產物資管理制度，要求做到收發有憑證，倉庫有記錄，出公司有控制，盤存有制度，保證賬實相符。

1. 材料物資的管理制度由供應部制定，材料物資由供應部管理。

2. 設備及備件的管理制度由設備動力部制定，設備及備件由設備動力部管理。

3. 工具的管理制度由工具部制定，工具由工具部管理。

4. 在產品、半成品的管理制度由生產計劃部制定，在產品、半成品由生產計劃部管理。

5. 產成品的管理制度由銷售部制定，產成品由銷售部管理。

6. 傢俱用具管理制度由總務部制定，用具由總務部管理。

第 3 章　目標成本

第 13 條：目標成本是某一產品在一定時期所要求實現的成本水準。開發新產品和改造老產品，都應實行目標成本管理。目標成本管理要從產品設計入手，事前控制產品成本水準，使產品既保持其應有的功能，又有最低的成本。

第 14 條：目標成本管理的程序，是依據市場調查、經濟預測及公司的利潤目標，提出單位產品的目標成本，以此作為設計產品耗用材料與工費的限額；同時力求做到功能好、成本低，並據以評價產品的設計方案，進行經營決策，指導產品生產，不斷地降低產品成本，從而提高效益。

第 15 條：目標成本的制定，可考慮採用下面公式。

單位產品目標成本＝預測銷售價格－應納稅金－目標利潤

1. 銷售價格預測工作由銷售、財務和技術等部門負責，在市場調查和預測的基礎上進行。

2. 目標利潤是公司在計劃期必須實現的利潤水準，由財務部負責。目標利潤應根據公司預期的銷售利潤率或資金利潤率加以確定。

第 16 條：在產品投產前，應通過對成本與功能關係的分析和研究，開展價值工程，選擇最佳方案，從而制定目標成本。其基本公式為：

$$價值＝功能（或效用）÷成本（或生產費）$$

價值與功能成正比，與成本成反比。如果要使產品保持應有的功能，同時又體現最低的成本，必須從改善功能和降低成本兩個方面考慮，其途徑如下。

1. 在功能不變的情況下，降低成本。

2. 在成本不變的情況下，同時提高功能。

3. 在功能提高的情況下，同時降低成本。

4. 在功能略有下降的情況下，同時使成本大幅度下降。

第 17 條：目標成本制定後，應以財務部為主，會同生產、技術等部門進行分解和分配，作為設計、技術、試製、投產等過程的主要數據，並作為全體員工努力實現的目標。

1. 按料、工、費等項目進行分解，分配給設計、技術等技術部門及生產、人力資源等部門。

2. 按產品的部件和關鍵性零配件進行分解，分配給設計、技術和科研等技術部門。

3. 按可控制的現行成本進行分解，分配到各個部門、分公司、工廠和班組。

第 4 章　成本計劃

第 18 條：成本計劃的編制。

1. 以目標成本為方向、定額成本為基礎、降低成本為保證，形成先進可行的成本指標體系。

2. 對有關業務計劃（銷售、生產、採購、人工等）和財務計劃（現金、費用預計財務報表等）進行試算平衡，使成本具有可操作性並達到領先水準。

第 19 條：成本計劃體系。

1. 在實現公司生產經營目標中的銷售目標和利潤目標，以及降低成本措施方案的基礎上，年度成本計劃應該以固定費用預算、生產費用預算和主要產品單位成本計劃作為重點。

2. 季成本計劃應以主要產品的單位成本計劃和分公司、工廠及部門的成本計劃為重點。

3. 成本計劃的編制工作應由總會計師負責組織，以財務部門為主，其他銷售、技術、生產、計劃、供應、勞資等部門應給予密切配合並參與制定。

4. 年度和季的成本計劃草案由總會計師審查後，提交總經理批准，然後通知全公司執行。

第 20 條：成本計劃的程序。

1. 根據公司生產經營目標中的銷售目標和利潤目標及固定費用和變動費用的預測來進行平衡，從而確定計劃期內產品成本的控制數字。

2. 制定計劃期內降低成本的主要措施，包括採用新技術、新技術、新材料，以及改進經營管理等節約物質消耗和勞動消耗的措施。

3. 以成本計劃控制數字範圍和降低成本的措施編制當期固定費

用計劃，同時擬訂壓縮主要產品的工、料消耗的計劃指標，並據以編制主要產品單位成本計劃和生產費用預算。

第 21 條：成本計劃的內容。

1. 降低成本的措施方案或增產節約的措施規劃，包括改進技術、降低消耗、修舊利廢、改制利用、提高工效、降低廢品、增進協作、增加銷售、改進管理等多種增收節支措施。

2. 固定費用的預算，包括基本固定費用和半固定費用預算。按銷售目標和利潤目標，進行「本-量-利分析」，用以確定固定費用和變動費用的控制數字。對半固定費用與產值變動的關係，應積極統計分析，並確定相關比例。

3. 主要產品單位成本計劃。

4. 按主要產品和成本項目分別編制產品成本計劃。

5. 生產費預算，即以固定費用預算和按產值確定的變動費用為基礎，控制生產費用總額。調整計劃期內在產品等的增減數額後，即反映出當期產品計劃成本。

6. 製造費用預算，按照規定的項目，同時考慮計劃期內可能發生的產量變動，從而編制出一套能適應多種產量的製造費用的彈性預算。

第 5 章　定額標準成本

第 22 條：定額標準成本，即以材料技術消耗定額、勞動工時定額及費用預算定額為定額標準用量，以材料計劃價格、每工時計劃工資率、每工時計劃變動費用分配率為計劃標準價格，所計算出的定額成本或標準成本。

第 23 條：按直接材料、直接人工、變動製造費用、固定製造費用四個成本項目計算產品的生產成本，計算公式如下：

1.直接材料定額成本＝定額用量×計劃價格

2.直接人工定額成本＝定額工時×計劃工資率

3.變動製造費用定額成本＝定額工時×計劃費用分配率

4.固定製造費用定額成本＝固定製造費用預算

5.產品定額成本＝1＋2＋3＋4

6.產品實際成本＝產品定額成本±成本差異±定額變更

第 24 條：以定額成本為依據，按毛坯、加工、裝配等工廠，計算出各生產步驟的分步成本，據以計算產品的定額成本。其計算公式如下：

1.原材料定額成本＝∑定額用量計劃價格

2.毛坯件加工定額成本＝∑定額工時×計劃工資率

3.毛坯件全部定額成本＝原材料定額成本＋毛坯件加工定額成本

4.加工定額成本＝∑定額工時×計劃工資率

5.加工件全部定額成本＝毛坯件全部定額成本＋機加工定額成本

6.裝配定額成本＝∑定額工時×計劃工資率

7.裝配全部定額成本＝加工件全部定額成本＋裝配定額成本＋外購配套件定額成本＋包裝及其他材料定額成本

8.產品定額成本＝裝配全部定額成本

第 25 條：按成本類型，選擇適用的控制制度（如下表所示）。

表 8-2-2　選擇適用的控制制度

成本類型	適用的控制制度
變動成本	
直接材料	定額成本或標準成本
直接人工	定額成本或標準成本
變動製造費用	彈性預算
固定成本	
配置性固定成本	協商後的固定預算
約束性固定成本	根據專門決策預算制定的固定預算

第 26 條：如按現行定額作為標準用量，將計劃價格作為標準價格，這樣計算出來的定額成本與標準成本是一樣的，但兩者作為成本核算方法或制度來說是有區別的。

第 6 章　成本差異分析

第 27 條：直接材料成本差異＝直接材料用量差異＋直接材料價格差異。

1. 直接材料用量差異＝計劃價格×（實際用量－定額用量）

2. 直接材料價格差異＝實際用量×（實際價格－計劃價格）

第 28 條：直接人工成本差異＝直接人工效率差異＋直接人工工資率差異。

1. 直接人工效率差異＝計劃工資率×（實際工時－定額工時）

2. 直接人工工資率差並＝實際工時×（實際工資率－計劃工資率）

第 29 條：變動製造費用差異＝變動製造費用效率差異＋變動製造費用分配率差異。

1. 變動製造費用效率差異＝計劃變動費用分配率×（實際工時

－定額工時）

2.變動製造費用的分配率差異＝實際工時×（實際分配率－計劃分配率）

第 30 條：固定製造費用差異＝固定製造費用效率差異＋固定製造費用預算差異。

1.固定製造費用效率差異＝計劃固定費用分配率×（實際工時－定額工時）

2.固定製造費用預算差異＝固定製造費用實際開支數－實際工時×固定製造費用計劃分配率

第 31 條：成本差異的有利和不利因素。凡實際成本大於定額成本的均為超支、不利因素；凡實際成本小於定額成本的均為節約、有利因素。

第 32 條：成本差異的量差和價差。發現實際成本偏離定額成本時，就需要分析成本差異的量差和價差，以便進一步查明原因，並採取積極措施糾正偏差，以控制成本和進一步挖掘內部潛力。

第 7 章　成本管理責任制

第 33 條：實行「統一領導，分級管理」的原則。

1.公司成本管理在總經理領導下，由總會計師負責組織；以財務部為主，其他有關部門參加，對全公司成本進行預測、決策、計劃、核算、控制、分析、考核和監督。

2.分公司、工廠成本管理在分公司經理或工廠主任領導下，由財會室負責，有關部門參加，對本單位的成本進行計劃、核算、控制和分析。

第 34 條：建立全公司成本指標控制體系，實行歸口管理。

1.生產計劃部負責歸口產品產量、品種和出產期等指標。

2. 物資供應部負責歸口原材料、燃料、外購配套件等消耗指標和材料利用率指標。

3. 設備動力部負責歸口動能消耗指標、設備保養維修指標和設備完好率指標。

4. 設計、技術、科研等技術部負責歸口試製新產品和改進老產品的目標成本，以及負責歸口技術革新、技術改造、設計圖紙等費用指標。

5. 人力資源管理部負責歸口工資基金、勞動生產率和工時利用率等指標。

6. 品質管制部負責歸口廢品率、廢品損失限額和檢驗費等指標。

7. 行政管理部負責歸口行政管理費用指標。

8. 工具部負責歸口工具消耗和自製工具成本等指標。

9. 銷售部負責歸口銷售費用指標。

10. 財務部負責歸口利息、折舊費等指標。

第 35 條：加強定額管理和預算管理。成本計劃、成本指標和生產費用的管理，都是以定額和預算為基礎的，因此必須加強定額管理和預算管理。要經常檢查定額和預算的執行情況，並及時解決執行中出現的問題，保證成本計劃指標的實現。

第 36 條：建立成本中心，按工廠、分公司、部門和總公司四個經營層次實行責任成本管理。

1. 工廠責任成本＝可控直接材料成本＋可控直接人工成本＋可控制造費用成本

2. 分公司責任成本＝∑各工廠責任成本＋分公司的可控費用

3. 部門責任成本＝∑各分公司責任成本＋部門的可控費用

4. 總公司責任成本＝∑各部門責任成本＋總公司的可控費用

第 8 章　成本分析考核

第 37 條：成本考核指標。

1. 考核總公司的指標。

(1)主要產品(包括鑄件、鍛件、原材料件、板焊件)的單位成本(元)。

(2)百元商品產值總成本。

(3)可比產品成本降低率(%)。

(4)固定費用總額(元)。

(5)成本費用利潤率(%)。

2. 考核分公司、工廠的指標。

(1)鑄件、鍛件、原材料件、板焊件噸成本(元)。

(2)每工時加工費(元)。

(3)產品的單位成本(元)。

(4)百元總產值生產費用。

(5)製造費用總額。

第 38 條：成本內部報表。

1. 產品生產成本表。

2. 主要產品單位成本表。

3. 產品生產和銷售成本表。

4. 變動製造費用明細表。

5. 固定製造費用明細表。

6. 銷售費用明細表。

7. 管理費用明細表。

第 39 條：有關技術經濟指標。

1. 材料利用率(淨重÷消耗定額)。

2.工時利用率（定額工時÷實動工時）。

3.設備利用率（實動工時或開足班次÷計劃動工時或開足班次）。

4.廢品率［廢品（工時或重量）÷產量（工時或重量）］。

5.焦鐵比（焦炭÷金屬爐料）。

第四十條：增產節約措施分析。

1.技術革新（革新前加工所需工時－革新後加工工時＝提高工效增產工時，或革新前消耗－革新後消耗＝節約消耗）。

2.改進設計（設計改進前消耗－設計改進後消耗＝節約消耗）。

3.修舊利廢（修復利用價值－廢舊物資殘值＝節約價值）。

4.改制利用（加工改制後可利用價值－加工改制費用－材料殘值＝節約價值）。

5.減少廢品（當月完成產量×廢品降低率＝節約材料或增產工時）。

6.節約消耗（當月材料物資領用定額－實際領用＝節約消耗）。

7.降低費用（當 3 月費用預算定額－實際費用開支＝節約費用額）。

第 40 條：建立內部成本分析考核制度。

1.成本分析主要是把成本核算資料同目標成本、上年實際成本和同行同類產品成本進行比較，並查明影響成本升降的因素，揭示節約與浪費的原因，以便尋求進一步降低成本的方法和途徑，從而擬訂進一步降低成本的要求和措施。

2.成本考核主要以各責任者為成本考核對象，按責任歸屬來核算有關的成本資訊，用以考核評價其工作業績。

3.在公司內部要定期進行成本分析，並與經濟活動分析會議結

合起來，把成本考核與工效掛鈎，與效益工資、獎金結合起來，做到有獎有罰，以充分發揮成本分析考核的作用。

六、原始憑證的管理

原始憑證進行會計核算的重要原始依據，具有法律效力的證明文件。原始憑證的填制必須符合要求。

(一)原始憑證的填制標準

1.記錄必須真實可靠

在進行原始憑證的填制時，必須實事求是地填寫該經濟業務，原始憑證上填制的日期、業務內容、數量、金額等必須與實際情況完全符合，確保憑證內容真實可靠。

2.填制必須完整，不可遺漏

在填制原始憑證時，必須按規定的格式和內容逐項填寫齊全，同時必須由經辦業務的部門和人員簽字蓋章，並對憑證的真實性和正確性負完全的責任。

3.明確經濟責任

原始憑證上要有經辦人員或部門的簽章。外來的原始憑證，從外單位取得的，必須蓋有填制單位的財務公章，從個人取得的，必須有填制人員的簽名或蓋章；自製原始憑證，必須有經辦單位負責人的簽名或蓋章；對外開出的原始憑證，必須加蓋本單位的財務公章。

4.填制及時

按照規定程式傳遞、審核，以便據以編制記賬憑證。

5.書寫清晰，字跡工整

原始憑證要用藍黑墨水書寫，支票要用碳素墨水填寫。兩聯或兩聯以上套寫的憑證，必須全部寫透。大小寫金額數字要符合規定，正確填寫。原始憑證上的文字和數位都要認真填好，要求字跡清楚，易於辨認，不得任意塗改、刮擦或挖補。一般憑證如果發現錯誤，應當按規定方法更正。而有關現金、銀行存款收支業務的憑證，如果填寫錯誤，不能在憑證上更正，應加蓋「作廢」戳記，重新填寫，以免錯收錯付。

6.各種原始憑證要延續編號

如果憑證已預先印定編號，如發票、支票、收據等，在需要作廢時，應當加蓋「作廢」戳記，並連同存根和其他各聯全部保存，不得隨意撕毀。

（二）原始憑證審核標準

對會計憑證的審核是會計監督的一個重要手段。原始憑證填制以後。為了保證其真實可靠，會計部門在據此填制記賬憑證入賬前，必須對其進行嚴格的審核。審核主要包括兩個方面：

1.審核原始憑證所記錄的經濟業務的合理性、合法性

主要是審查記錄的經濟業務是否符合有關法律、法令、制度和政策；是否執行了預算、合同和計畫，是否符合經濟核算的原則。若發現有違法違紀行為，要拒絕執行，並向有關部門與領導彙報。

2.對原始憑證的合理性進行技術性審核

主要是審核原始憑證的內容和填制手續是否符合規定的要求，即憑證所載的內容是否與實際情況一致，該填的專案是否遺漏，數字是否清楚準確，書寫是否規範，有關部門與人員是否都已簽名或

蓋章。對有技術性問題的原始憑證要退回，補齊手續或更正錯誤。

（三）記賬憑證填制標準

填制記賬憑證，就是要由會計人員將各項記賬憑證要素按規定方法填寫齊全，便於賬簿登記。

記賬憑證雖有不同格式，但就記賬憑證確定會計分錄、便於保管和查閱會計資料來看，各種記賬憑證除嚴格按原始憑證的填制要求填制外，還應注意以下幾點：

1. 要將經濟業務的內容以簡練概括的文字填入「摘要」欄內。這樣做對於日後查閱憑證的登記賬簿都十分必要，也是做好做賬工作的一個重要方面。

2. 要根據經濟業務的性質，按照會計制度所規定的會計科目和每一會計科目所核算的內容，正確編制會計分錄，從而確保核算口徑一致，以便於指標的綜合匯總和分析對比。同時，也有助於根據正確的帳戶對應關係，瞭解有關經濟業務的完成情況。

3. 每張記賬憑證只能反映一項經濟業務，除少數特殊業務必須將幾個會計科目填在一張記賬憑證上外，不得將不同類型經濟業務的原始憑證合併填制記賬憑證，對同一筆經濟業務不得填制對應關係不清的多借多貸的記賬憑證。

4. 附件數量完整。除結賬與更正差錯的記賬憑證可以不附原始憑證，其他記賬憑證必須附有原始憑證，以便於復核會計分錄是否正確，也便於日後查閱原始憑證。如果一張原始憑證要涉及幾張記賬憑證，可把原始憑證附在一張主要的記賬憑證後面，在其他記賬憑證上注明附有原始憑證的記賬憑證的編號。

5. 填寫內容齊全。記賬憑證中的各項內容必須填寫齊全，並接

規定程式辦理簽章手續，不得簡化。

6. 憑證連續編號，記帳憑證應按業務發生順序按不同種類的記帳憑證連續編號，若一筆經濟業務，需填制多張記賬憑證的，可以採用按該項經濟業務的記帳憑證數量編列分數順序號的方法，如前面的整數為總順序號，後面的分數為該項經濟業務的分號，分母表示該項經濟業務的記帳憑證總張數，分子表示該項經濟業務的順序號。

7. 若做賬之前發現記賬憑證有錯誤，應予重新編制正確的記賬憑證，並將錯誤憑證作廢或撕毀。已經登記入賬的記賬憑證，在當年內發生書寫錯誤時，應用紅字填寫一張與原內容相同的記帳憑證，在摘要欄注明「註銷×月×日×號憑證」。如果會計科目沒有錯誤，只是金額錯誤，也可以將正確數子與錯誤數位之間的差額，另編調整的記賬憑證，，注明「訂正×月×日×號憑證」。如果會計科目沒有錯誤，只是金額錯誤，也可以將正確數位與錯誤數位之間的差額，另編一張調整的記賬憑證。調增金額用藍字，調減金額用紅字。發現以前年度的錯誤，應用藍字填制一張更正的記賬憑證。

（四）記賬憑證審查標準

記賬憑證是登記賬簿的直接根據，需要嚴格審核，確保其正確無誤。記賬憑證的審核，主要包括以下方面：

1. 所附原始憑證是否齊全，是否經過審核，原始憑證所記錄的經濟業務內容和數額與記賬憑證是否一致；

2. 會計科目和核算內容是否與財務會計制度的規定相符，會計分錄和帳戶對應關係是否正確，金額正確與否；

3. 需要填制的內容是否有遺漏。

審核發現了錯誤，要查清原因，按規定更正。

（五）付款憑證的填制標準

付款憑證是根據現金、銀行存款減少的經濟業務填制的。填制付款憑證的要求是：

1. 由出納人員根據審核無誤的原始憑證填制，程式是先付款，後填憑證。

2. 在憑證左上方的「貸方科目」處填寫「現金」或「銀行存款」。

3. 填寫日期和憑證編號。

4. 在憑證內填寫經濟業務的摘要。

5. 在憑證內「借方科目」欄填寫與「現金」或「銀行存款」對應的借方科目。

6. 在「金額」欄填寫金額。

7. 在憑證的右側填寫所附原始憑證的張數。

8. 在憑證的下方由相關責任人簽字、蓋章。

（六）賬簿登記標準

1. 賬簿必須根據審核無誤的會計憑證及時登記，做賬時必須嚴格根據經過審核的會計憑證填列會計科目的名稱，或者同時填列會計科目的名稱和編號，不得只填列會計科目的編號，不填列會計科目的名稱。為了防止重記、漏記和便於查閱，登記時應將記賬憑證號記入賬簿，同時在記賬憑證上注明「√」記號，表示已經登記入賬。

2. 為了使記賬簿記錄清晰整潔，防止篡改，做賬時必須用藍黑色墨水筆書寫，不能使用鉛筆和圓珠筆書寫。紅墨水只能在結賬畫

線、改錯、沖賬等規定範圍內使用。

3.各類賬簿必須按編好的頁碼順序登記，不得隔頁、跳行。如不慎發生隔頁、跳行現象，應在空頁或空行處用紅墨水筆劃對角線或注明「此頁空白」、「作廢」等字樣。不得任意撕毀訂本式賬簿的賬頁。不得隨意抽掉活頁式或卡片式賬簿的賬頁。

4.訂本賬簿若出現預留賬頁不夠需跳頁登記時，應在末行摘要欄內注明「過入第××頁」並在新賬頁第一行摘要欄內注明「承××頁」。

5.每登滿一頁賬頁。應在該賬頁的最後一行加計本頁發生額及餘額，並在「摘要」欄內注明「過次頁」；同時在下一頁的首行記入上頁加計的發生額及餘額，並在「摘要」欄內注明「承前頁」。

6.「摘要」欄的文字記述要簡潔清楚扼要，並逐步規範化，書寫工整，不得亂用簡化字，數字應用阿拉伯字書寫。

7.不得對賬簿進行刮擦、挖補、塗改或用其他化學方式更改字跡，以防篡改舞弊。

第 **9** 章

財務部的賬款管理

🔊 第一節　應收賬款管理制度

第 1 章　總則

第 1 條：為促進資金的良性循環，加速資金的週轉，提高資金利用率，防止壞賬的發生，提高公司整體效益，特制定本制度。

第 2 條：本制度所稱的「應收款項」包括應收賬款、應收票據、其他應收款和預付款項。

第 3 條：應收款項由財務部歸口管理，財務部、銷售部相關人員辦理有關應收款項的事宜時，應遵循本制度的規定。

第 2 章　應收賬款的管理

第 4 條：應收賬款管理人員和銷售人員應依相關規定，對客戶的信用進行調查，並隨時偵查客戶信用的變化，建立客戶信用檔案，作為合約簽訂和賒銷產品的依據。

第 5 條：公司應收賬款的審批許可權。公司應制定《應收賬款管理辦法》，明確應收賬款的審批許可權，並做動態調整。

第 6 條：應收賬款的收款時間。銷售部最遲應於出貨日起 30 天內收款，某些特殊情況應依同業習慣於 55 天內收款。

如果某一款項超過上列期限仍未收回，財務部即應調查相關資料，把未收款項的詳細列表通知銷售主管核閱，以督促加強催收。

如果超過 60 天仍未收回且金額超過 5 萬元的款項，銷售部應立即填寫《應收賬款報告表》，送財務部及法務部聯合辦理。

第 7 條：應收賬款內部管理報告制度。公司應建立應收賬款內部管理報告制度，銷售部、財務部應分別建立應收賬款的台賬，並分客戶、銷售人員、銷售區域等建立週統計報表，上報主管。

銷售部和財務部應每月定期核對應收賬款的情況，如有差異，需及時找出原因，並限期解決。

第 8 條：賬齡分析。財務部每月對應收賬款進行賬齡分析，把握控制收賬工作的重點，對賬齡較長的應收項目建議責任部門進行因素分析，並提出改進意見。

應收賬款明細賬調減必須經過有管理許可權的書面批准後，才能予以執行。

第 9 條：應收賬款主管應督促下屬員工在每月 20 號之前，清理上月賬中的應收賬款，並根據銷售合約及公司的有關規定進行應收賬款的賬齡分析，對拖欠款項（銷售合約超過 30 天的）理出清單，並理出潛在核銷賬款交主管，由銷售部門提出解決辦法，經主管批准之後執行。

負責收款的部門在接到《超期應收款通知單》後，在接單後 24 小時內給出收款時限及措施，對所有超期應收款，限期開展收款工

作，有關工作內容填入催收單，形成文件記錄，妥善地存入客戶資信檔案。

申請付款的部門及經辦人是清理追收應收款項的第一責任人。發生因清理追收不力，造成呆賬、壞賬的，應依情節輕重和損失大小對有關責任人予以經濟和行政處罰，情節嚴重、損失巨大的，要追究法律責任。

第 10 條：預付款項的對象必須是長期業務合作夥伴且信用良好、財務狀況良好。

預付款項必須依合約付款，並在合約約定的時間內清算完畢。

第 3 章　賒銷行為和支票的管理

第 11 條：賒銷產品時，銷售部必須辦妥下列事項：

簽訂購銷合約。確立結算方式及付款期限，或獲取付款保證書。明確延期付款的違約責任。

第 12 條：賒銷產品收受支票時，應注意下列事項：

・發票人有無許可權簽發支票。查明支票有效的必要記載事項，如文字、金額、到期日、發票人蓋章等是否齊全。

・非該商號或本人簽發的支票，應要求交付支票人背書。

・所收支票帳戶與銀行往來的期間、金額、退票記錄情形。

・所收支票帳號號碼越少，表示與該銀行往來期間越長，信用越可靠。

・支票記載何處不能修改（如大寫金額），可更改者是否於更改處加蓋原印鑑章，如有背書人時應同時蓋章。

・支票上文字有無塗改、塗銷或變造。

・注意支票是否已逾期 1 年（逾期 1 年失效），如有背書人，應注意支票提示日期是否超過第　款的規定。

· 注意支票上的文字記載。

· 儘量利用機會，通過 A 客戶注意 B 客戶支票（或客票）的信
用。

第 13 條：本公司收受的支票提示付款期限最遲應於到期日後 7
天內辦理。

第 14 條：本公司收受的支票「到期日」與「兌現日」按下列方
法辦理。

· 本埠支票到期日當日兌現。

· 近期支票到期日兩天內兌現。

第 15 條：所收支票已繳者，如退票或因客戶存款不足要求退回
兌現或換票時，銷售部應填具票據撤回申請書，經銷售主管核准後，
送財務部辦理相關事宜。銷售部取回原支票後，必須先向客戶取得
相當於原支票金額的現金或擔保金，或新開支票，將原支票交付，
並依上列規定辦理。

第 16 條：財務部接到銀行通知客戶退票時，應立即轉告銷售部，
銷售部對於退票，無法換回現金或新票時，應立即寄發存證信函通
知發票人及背書人，並迅速擬訂對策處理，並由銷售部填送《呆賬
（退票）處理報告表》，隨附支票正本（副本留銷售部供備忘催辦）
及退票理由單，送財務部依法辦理。

第 17 條：銷售部對退票申訴案件送請財務部辦理時，應提供下
列資料。

· 發票人及背書人戶籍所在地（先以電話告知財務部）。

· 發票人及背書人財產應註明所有權人等相關事項，其他財產
應註明名稱、存放地點、現值等事項。

· 其他投資事業。

第 18 條：財務部接到《呆賬（退票）處理報告表》，經呈准後兩天內應依法申訴，並隨時將情況通知各有關單位。

第 19 條：應收賬款發生折讓時，應填具《折讓證明單》，並呈主管批准後始得辦理，或遇有銷貨退回時，應於出貨日起 60 天內將交寄貨運收據及原始統一發票取回，送交會計人員辦理，其折讓或退回部份，應設銷貨折讓及銷貨退回科目表示，不得直接由銷貨收入項下減除。

第 20 條：上列賬款確實無法收回時，應專案列表送財務部，並附原《呆賬（退票）處理報告表》存根聯、稅捐機關認可的合法憑證（如法院裁定書或郵政信函等）呈總經理核准後，才能沖銷應收賬款。

第 21 條：依法申訴而無法收回的賬款部份，應取得法院的債權憑證，交財務部列冊保管，若事後發現債務人有償還能力時，應依有關規定申請法院執行。

第 4 章　壞賬處理

第 22 條：應收款項若符合下列條件之一的，應被確認為壞賬：

· 因債務人破產或死亡，以其破產財產或遺產償債後，確實不能收回的。

· 因債務單位撤銷、資不抵債或現金流量嚴重不足，確實不能收回。

· 因發生嚴重的自然災害等導致債務單位停產而在短時間內無法償付債務，確實無法收回的。

· 因債務人逾期未履行償債義務超過 3 年，經核查確實無法收回的。

第 23 條：應收賬款和其他應收款因發生問題未能收回時，由經

辦的銷售人員提出書面說明，會計應單獨設立明細科目予以列示。

第 24 條：有問題的應收款項，應依具體情況進行處理：

．經理會議研究處理方法。

．提請法庭調處。

．依法起訴。

第 25 條：本公司按期對應收賬款和其他應收款提取壞賬準備，具體方法按照《資產減值準備和損失處理制度》有關規定進行。

📢 第二節　問題賬款管理制度

第 1 章　問題賬款的處理

第 1 條：「問題賬款」，指本公司業務人員於銷貨過程中所發生被騙、被倒賬、收回票據無法如期兌現或部份貨款未能如期收回等情況的案件所涉賬款。

第 2 條：因銷貨而發生的應收賬款，自發票開立日起，滿 60 天尚未收回，亦未按公司規定辦理銷貨退回者，視同「問題賬款」。

第 3 條：「問題賬款」發生後，相關人員應於兩日內，據實填妥《問題賬款報告書》，並檢附有關證據、資料等，依序呈請部門主管查證並簽註意見後，轉請法務部協助處理。

第 4 條：《問題賬款報告書》上的基本資料欄，由會計人員填寫；經過情況、處理意見及附件明細等欄，由業務人員填寫。

第 5 條：法務部應於收到《問題賬款報告書》後兩天內，與經辦人及部門主管會商，瞭解情況後擬定處理辦法，呈請總經理批示，並即協助經辦人處理。

第 6 條：經指示後的報告書，法務部應即複印一份通知財務部備案。如為尚未開立發票的「問題賬款」，則應另複印一份通知財務部備案。

第 7 條：經辦人填寫《問題賬款報告書》時，應注意以下事項。

· 務必親自據實填寫，不得遺漏。

· 發生原因欄如勾填「其他」時，應在括弧內簡略註明原因。

· 經過情況欄應從與客戶接洽時，依時間的先後，逐一載明至填報日期止的所有經過情況。本欄空白若不敷填寫，可另加粘白紙填寫。

· 處理意見欄供經辦人擬具賠償意見之用，如有需公司協助者，亦請在本欄內填明。

第 8 條：《問題賬款報告書》未依前條規定填寫者，法務部得退回經辦人，請其於收到原《問題賬款報告書》兩天內重新填寫提出。

第 9 條：「問題賬款」發生後，經辦人未依規定期限提出報告書，請求協助處理者，法務部可不予受理。逾 15 天仍未提出者，該「問題賬款」應由經辦人負全額賠償責任。

第 10 條：會計人員未主動填寫《問題賬款報告書》的基本資料或部門主管疏於督促經辦人於規定期限內填妥並提出報告書，致使經辦人應負全額賠償責任時，該部門主管或會計人員應連帶受行政處分。

第 11 條：「問題賬款」處理期間，經辦人及其部門主管應與法務部充分合作，必要時，法務部須借閱有關單位的帳冊、資料，並須請求有關部門主管或人員配合查證，該部門主管或人員不得拒絕或藉故推拖。

第 12 條：有關人員銷售時，應負責收取全部貨款，遇倒賬或收

回票據未能如期兌現時，經辦人應負責賠償售價或損失的 50%。但收回的票據，若非統一發票抬頭客戶正式背書，因而未能如期兌現或交貨尚未收回貨款，且不按公司規定作業，手續不全者，其經辦人應負責賠償售價或損失 80%。產品遺失時，經辦人應負責賠償底價100%。上述賠償應於發生後即行簽報，若經辦人於事後追回產品或貨款時，應悉數繳回公司。再由公司就其原先賠償的金額依比例發還。

第 13 條：法務部協助銷售部門處理的「問題賬款」，自該「問題賬款」發生之日起 40 天內尚未能處理完畢，除情況特殊經報請總經理核准延期賠償者外，財務部應依第 13 條的規定，簽擬經辦人應賠償的金額及償付方式，呈請總經理核定。

第 14 條：本辦法各條文中所稱「問題賬款」發生之日，如票據能兌現，系指第一次收回票據的到期日，如為被騙，則為被騙的當日；此外的原因，則為該筆交易發票開立之日起算第 60 天。

第 15 條：經核定由經辦人先行賠償的「問題賬款」，法務部仍應尋求一切可能的途徑繼續處理。若事後追回產品或貨款時，應通知財務部於追回之日起 4 天內，依比率一次退還原經辦人。

第 16 條：法務部對「問題賬款」的受理以《問題賬款報告書》的收受為依據，如情況緊急時，須由經辦人先以口頭提請法務部處理。

第 17 條：經辦人未據實填寫《問題賬款報告書》，從而妨礙「問題賬款」處理的，除應負全額賠償責任外，法務部須視情節輕重簽請懲處。

第 2 章　催款書範本

___公司：

　　貴單位於___年___月___日購買___的貨款金額為___元（發票編號___）。該貨款至今未解入我廠，影響了我廠資金的週轉。請接到本通知後___日內進行結算，逾期按銀行規定加收 2‰的罰金。

　　如果有特殊情況，則請及時與我廠財務科×××聯繫。我廠地址：_____。電話：_____。

　　特此專函

××公司財務科

××××年×月×日

第三節　往來賬款的日常控制報告

　　根據總公司年初《關於加強往來賬款日常控制的通知》的精神，我公司加強了對往來賬款的日常控制工作，將一年來對往來賬款的日常控制情況報告如下：

　　一、基本情況

　　公司年末往來賬款金額 1400 萬元，較年初減少 180 萬元，其中應收賬款餘額 275 萬元，較年初減少 60 萬元；應付賬款餘額 145 萬元，較年初減少 40 萬元。應收賬款週轉率 14.60%，比上年提高 20%；應收賬款週轉天數為 40 天，比上年減少 10 天。

　　二、加強日常控制措施

　　1.制定信用政策。往來賬款的日常控制中，我們注意掌握顧客的信用資料，根據客戶的品質、還債能力、資本實力和客戶在市場

上的競爭能力等，對客戶的信用狀況做出綜合評定，評定了客戶的信用等級。在此基礎上，我們結合本公司產銷能力和風險承擔能力，制定了本公司的信用政策，作為對往來賬款進行規劃和控制的原則。

2. 加強了應收賬款的催收工作。除制定信用政策和管理制度作為往來賬款的控制原則外，我們還加強了對應收賬款的催收工作。為此我公司建立了一個能夠及時提供應收賬款最新情況的管理資訊系統，財會部門還定期編制《往來賬款分期明細表》，全面提供往來賬款增減變化及構成資訊；同時，我公司還制定了合理的收賬政策，對發生的應收賬款進行及時催收。在收賬程序上，一般採取信函通知、電話催收、派員催收和通過法律等手段。

3. 建立健全往來款項的結算管理制度。　是建立定期的往來款項審核制度，定期對往來款項進行會審檢查；二是建立定期的對賬制度，定期發函與各往來單位逐筆核對賬款；三是建立往來賬款的審批制度，對購銷活動實行合約管理，有明確的標的、價格、數量、結算方式、結算時間以及違約責任，並經有關部門批准；四是及時準確地做好往來賬款的財務處理，避免造成呆賬、壞賬損失。

總之，一年來對往來賬款的日常控制工作取得了較好的成績，沒有發生人的呆賬、壞賬損失，往來賬款餘額中沒有長期个清的往來款項，往來賬款餘額控制在合理的範圍之內。

××分公司

××××年×月×日

第 *10* 章

財務部的審計管理

◀))) 第一節　審計管理制度

一、企業審計工作制度

第 1 章　審計工作任務

第 1 條：充分發揮審計工作的監督職能，提高管理水準，根據相關法律法規的規定，結合企業的具體情況，制定本制度。

第 2 條：內部審計是在總經理的直接領導下，對公司各部門以及所屬單位的財務收支和效益等進行監督，獨立行使審計職權，對總經理負責並報告工作，在業務上同時受上級審計機構的領導和地方審計機關的監督。

第 3 條：確保有關財經政策、法令制度以及財經紀律在企業的正確貫徹執行，保護企業財產，強化企業管理，提高效益。

第 4 條：具體審計事項

· 對企業的資金、財產的完整安全進行監督審計。

· 對企業的財務收支計劃、投資和經費的預算、信貸計劃、收支計劃和合約的執行以及效益進行審計監督。

· 對企業的會計報表進行審計。

· 配合上級審計機構對企業主要領導人的離任責任進行審計。

· 對企業基建工程項目的概（預）算的執行、建設成本的真實性和效益進行審計。

· 對企業的內部控制制度的健全、有效及執行情況進行監督檢查。

· 對嚴重違反財經紀律，侵佔企業資產，嚴重損失浪費等損害企業利益的行為進行專案審計。

· 貫徹執行有關審計法規，制定或參與研究本企業有關的規章制度。

第 5 條：辦理企業、上級審計機構交辦的其他審計事項，配合上級審計部門和會計師事務所對企業進行審計。

第 6 條：不定時對上述項目的執行情況進行抽查。

第 2 章　審計機構

第 7 條：成立企業審計委員會，逐步完善以專業審計為主、兼職審計為輔的內部審計體系。審計委員會由總經理、總會計師、總工程師、總經濟師等人組成。總經理任主任、總會計師任副主任，其主要任務是加強對審計工作的行政業務指導，對涉及財務、基建、工程技術等方面比較複雜的審計項目進行研究處理。

第 8 條：審計主管在審計委員會直接領導下從事企業日常審計工作，依照本制度運用法律強制手段，對企業各部門的財務收支和

各項經濟活動進行審計監督，對審計委員會負責並報告工作。

第 9 條：根據審計工作的特點和本企業的情況，聘請若干名有財務、工程技術、設備管理等方面特長的基層員工為兼職審計員，其主要任務是，為審計主管提供生產經營管理等方面的資訊，協助審核主管對本部門的審計和交流審計工作經驗。

第 10 條：根據審計工作的需要，經過總經理或總經理授權人批准，可聘請臨時審計員，參與某項審計工作。

第 3 章　審計工作職權

第 11 條：根據內部審計工作的需要，被審計部門應按時向審計部報送有關計劃、預算、決算報表和文件資料等。

第 12 條：檢查實物、憑證、帳冊、有關文件和資料。

第 13 條：參與有關的會議。

第 14 條：索取有關的證明材料。

第 15 條：對正在進行的嚴重違反財經法紀、嚴重損失浪費行為做出臨時制止的決定。

第 16 條：對阻撓、破壞審計工作以及拒絕提供有關資料的，經公司批准可以採取必要的臨時措施，並提出追究有關人員責任的建議。

第 17 條：監督被審計部門嚴格執行審計決定。

第 18 條：有權對審計工作中出現的重大問題向審計委員會報告。

第 19 條：對違反財經法紀和大量浪費的被審計部門的直接責任人員和單位負責人，可建議公司總經理給予行政處分，情節特別嚴重的可建議移送司法機關依法追究刑事責任。

第 4 章　審計工作程序

第 20 條：審計主管根據審計委員會的意見和審計工作計劃，報

請總經理批准後實施。

　　第 21 條：在實施審計計劃時應擬訂審計方案、審計範圍、內容、方式和時間，並通知被審計部門提供必要的工作條件。

　　第 22 條：在審計中必須做好工作底稿，記錄審計過程，各種旁證材料齊全，作好調查記錄並應有相關人員的簽名蓋章。

　　第 23 條：審計中如有爭議應如實反映，必須依法有據、實事求是地提出解決辦法，切忌主觀、武斷。

　　第 24 條：每項審計工作結束後，以及在兩個星期內提出審計報告。

　　第 25 條：審計報告有如下幾點要求。

・事實清楚。

・數據確實。

・依法有據。

・建議恰當。

　　第 26 條：審計報告在徵求補充審計部門意見後（不是同意審計報告），報送審計委員會審定批示，做出審計結論和處理決定，通知被審計部門執行。

　　第 27 條：被審部門在收到審計決定後如有異議，可在 15 日內向審計委員會提出申訴；審計委員會應在接到申訴後 30 日內做出處理，對不適當的處理決定予以糾正，申請期間，原審計決定照常執行。

　　第 28 條：被審計部門對審計委員會指示的審計報告必須執行，審計主管必須在一定時期內向總經理報告執行結果。

　　第 29 條：審計報告提交後，情況發生變化或有新的重要數據，經查明後，被審計部門應向審計主管報告的同時向審計委員會報

告，由審計委員會決定對原審計報告進行修改或繼續執行。

第 30 條：每個審計報告以及工作底稿附件等必須在一個月內整理裝訂成冊，歸檔備查。

第 5 章　獎懲

第 31 條：對忠於職守，秉公辦事，客觀公正，實事求是，有突出貢獻的審計人員和對揭發檢舉違反財經紀律、抑制不正之風的有功人員都應給予表揚或獎勵。

第 32 條：對阻撓、破壞審計人員行使職權的，打擊報復檢舉人和審計人員的以及拒不執行審計決定，甚至誣告、陷害他人的都應給予必要的處分，後果嚴重的要移交司法機關懲處。

第 33 條：審計人員洩露機密，以權謀私，怠忽職守，弄虛作假和挾私報復造成損失或不良影響的，應視其情節輕重和損失大小，給予批評、紀律處分或依法制裁。

第 7 章　附則

第 34 條：本制度如有與上級頒發的審計法規相抵觸的，應以上級審計法規為準。

第 35 條：本制度自××年×月×日起執行。

二、內部審計管理制度

第 1 章　審計機構和人員

第 1 條：為加強公司內部的審計監督，審計工作制度化、法制化，根據審計法規，結合實際情況，特制定本制度。

第 2 條：本企業設立審計機構，實行內部審計監督制度。通過審計監督，規範財經紀律，監督履行財務責任，改善企業經營管理，

提高效益，促進企業健康發展。

第 3 條：本企業審計機構和人員本著維護企業合法權益的原則，公允地證實本企業的財務責任履行情況。

第 4 條：本企業的審計業務受審計部門領導，向總經理負責並報告工作。

第 5 條：內部審計機構和人員方案。本企業設立審計部門，附屬財務部，配置若干專職人員。

第 6 條：內審人員應具有一定的政治素質、審計專業職稱、專業知識和審計經驗。

第 7 條：內審人員必須依法審計、忠於職守、堅持原則、客觀公正、廉潔奉公，不得濫用職權、徇私舞弊、怠忽職守。公司應對審計人員工作進行獎勵和處罰。

第 8 條：內審人員按審計程序開展工作，對審計事項應予保密，未經批准不得公開。

第 9 條：內審人員依法行使職權，受法律保護，任何部門、個人不得阻撓和打擊報復。

第 2 章　審計工作的任務

第 10 條：監督檢查本企業財務、運銷、物資、勞資、計劃等經營管理部門貫徹執行方針、政策、法令和財經制度的情況，促進其嚴格遵守財經法紀。

第 11 條：監督、檢查和評價企業內部控制制度（包括內部管理控制制度和內部會計控制制度）的嚴密程度和執行情況，著重監督檢查企業內所屬部門是否遵守下列基本準則。

- 明確劃分權責，建立責任制，實行購、產、銷、賬、錢、物分管的原則。

· 每筆業務（產、銷、購、驗收、儲運）不得由一個人（部門）單獨包辦到底，必須由兩個部門以上的人員處理。

· 所有實物財產要有專人負責保管、保養、維修，以提高使用效率，保證財物安全。

· 所有原始憑證必須連續編號，順序控制使用，領用空白憑證必須辦理簽證手續並予核對。

· 所有業務處理必須程序化、制度化。

· 建立一套適合於企業生產特點的成本會計制度。

· 實行企業內部稽核制度。

第 12 條：參與生產經營計劃、財務收支計劃的制定，對執行情況進行監督，對年度財務、成本決策進行審計，審計終結後簽字蓋章，寫出審計報告。

第 13 條：根據政府和企業規定的審計制度、專業核算辦法及其他有關規定，對經濟活動、會計核算程序和財務收支、財務處理的正確性、真實性、合法性進行審計監督。

第 14 條：對本企業橫向聯繫的項目和企業內所屬部門的財務收支和效益，進行審計監督。

第 15 條：對侵佔企業資財、行賄受賄、營私舞弊、貪污盜竊、挪用公款等重大案件以及嚴重損失浪費行為，會同有關部門進行專案審計。

第 16 條：參加本企業研究經營方針和改進經營管理工作的會議，參與研究重要規章、制度的制定。

第 17 條：接受並承辦總經理交辦的審計事宜。

第 18 條：向總經理編報工作計劃，報送報表和工作報告。根據國家有關規定，制定內部審計制度和實施細則，建立工作制度和檔

案制度。

第 3 章　審計工作程序

第 19 條：編制年度、季審計工作計劃，經總經理批准後組織實施，必要時報送審計機關。

第 20 條：審計前的準備工作。確定審計對象（或被審部門），制定審計方案，指定項目負責人和參加審的人員名單。審計方案經總經理批准後下達「審計通知書」，通知被審部門，說明審計內容、種類、方式、時間，被審部門應提供必要的工作條件。

第 21 條：實施審計。審計人員可採取審查憑證、賬表、文件、資料，檢查現金、實物，向有關部門和人員調查取證等措施。

第 22 條：審計過程中，必須編寫工作底稿、做好審計記錄，收集審計證據。

第 23 條：審計終結階段，應對審計事項和結果提出審計報告。報告應附有經過被調企人或有關部門簽章的證明材料或其他說明材料。審計報告應徵求被審部門意見。

第 24 條：審計報告報送總經理審定，審定後將報告副本和決定通知被審部門和有關部門執行。

第 25 條：審計結論和通知下達後，審計部門應督促被審部門和有關部門執行。

第 26 條：被審部門應按審計結論和決定，針對問題及時做出處理，處理的結果應報告總經理。

第 27 條：覆審。被審單位、個人在接到審查處理決定 15 天內，向公司提出書面復審申請，經總經理批准，組織復議。復審期間，原審結論和決定照常執行。

第 28 條：進行後續審計。

第 4 章　審計機構職權

第 29 條：召開本公司、部門有關審計工作的會議。

第 30 條：參加被審部門的有關會議，對審查中發現的問題可以查詢，召開調查會，索取證明材料。被審部門和有關人員，必須認真配合，不得設置任何障礙。

第 31 條：參與重大決策的可行性論證或可行性報告的事前審計。

第 32 條：檢查企業所屬部門的計劃、賬目、報表、憑證、業務記錄和有關文件資料；檢查資金、財產和物資管理情況；檢查內部控制制度的執行情況。有關部門必須如實提供，不得拒絕、隱匿和銷毀。

第 33 條：責成被審部門查處和糾正一切違反規定的財務收支，以及制止嚴重損失浪費的現象，限期採取措施，改善經營管理，提高效益。

第 34 條：對違反財經紀律行為提出處理意見，情節和性質嚴重者應追究責任，給予制裁，依法追繳非法所得，並有權建議對有關責任人員給予行政處分，對觸犯刑律的，提請司法機關依法懲處。

第 35 條：對拖延、推諉、阻撓、拒絕和破壞審計工作的，提請主管批准，採取封存帳冊和凍結資財等臨時措施，並追究責任人和有關責任。

第 36 條：通報批評違反財經紀律的重大案件和人員，表揚經營有方、成績卓著和遵紀守法的部門和個人。

第 37 條：有權向總企業審計機關反映或報告企業重大事項的情況和問題。

第 38 條：提出改進管理、提高效益的建議。

第 5 章　審計檔案管理

第 39 條：審計部門負責建立、健全審計檔案管理制度。

第 40 條：審計檔案管理範圍。

· 審計通知書和審計方案。

· 審計報告及其附件。

· 審計記錄、審計工作底稿和審計證據。

· 反映被審單位和個人業務活動的書面文件。

· 總經理對審計事項或審計報告的指示、批覆和意見。

· 審計處理決定以及執行情況報告。

· 申訴、申請復審報告。

· 復審和後續審計的資料。

· 其他應保存的審計資料。

第 41 條：審計檔案管理參考公司檔案管理、保密管理等辦法執行。

第二節　審計管理方案

一、審計範圍

為確保審核本公司產品成本的真實性和效益性，公司下一步的發展提供參考。

××年產品實際成本主要項目。基準日期為從××年 1 月 1 日零時至××年 12 月 31 日 24 時止。

二、審計方式

就地審計。

三、審計方法

本次產品成本專項審計主要採取盤點、函證、檢查、計算、詢問等審計方法。

⑴生產費用、產品成本、成本核算主要進行檢查、覆核、盤點等，對產品成本審核要求一批一審。

⑵產成品數量主要通過倉庫盤點。

四、審計工作機制

審計小組負責人與財務總監建立定期溝通制度以及重大問題請示報告制度。

⑴定期溝通制度

審計小組每週四下班前將資產清查的工作情況通過電子郵件的方式報送給財務總監，內容主要包括審計小組目前的工作進度，審計工作中遇到的問題及需要產品成本核算部門協調的事項。

⑵重大問題請示報告制度

審計小組在工作中遇到的重大、緊急的，需及時與有關各方溝通及協調處理的問題，經審計小組負責人提出初步意見後，以重大問題報告的形式隨時向財務總監提交。

五、人員配備

此次審計時間緊、任務重，為了提高工作效率、保證審計品質，由財務部經理任審計組組長，審計主管任副組長，組員為所有負責審計工作的人員。

六、審計程序及具體審計內容

⑴預備調查，明確審計目的及主要內容

審計組長與相關部門負責人洽談，瞭解本項審計工作的審計意圖、主要內容及基本要求，瞭解被審計部門基本情況。

審計組長到審計現場進行審前調查，針對內部控制制度的特點、結構等具體情況，編制包括審計方法、審計程序、審計重點及抽查比例等的基本工作方案。

⑵展開現場工作

自第一個工作日起，根據被審計部門基本情況以及本次審計項目分工，審計組應在各被審計部門提供充分的資料（包括應出具的承諾函）後，進入工作現場。

由現場負責人帶隊，審計工作組進入現場工作，主要程序包括以下幾個方面。

· 執行審計、檢查程序並取得證據。

· 利用專業判斷進行審計結果分析。

· 總結審計中所發現的問題。

· 覆核審計工作底稿。

· 匯總審計資料。

在編制事務所工作底稿的同時，針對發現的重大問題，編制專用審計分項目記錄專用表並附相應的審計證據，專事專議，一事一卷，單獨分裝成冊，以備事後各方選用方便；同時與被審計單位及時、充分地交換意見。由相關負責人員在審計分項目記錄表內簽章確認，以提高審計品質可靠性。

我們將根據工作進度和現場資料的完善程度，考慮是否增加審計組成員。

⑶撰寫並完成審計報告

審計組完成現場工作後，在與被審計部門溝通後出具審計報告初稿；在與被審計部門正式交換意見後，根據有關意見修改審計報告，並出具正式報告。

⑷審計內容

· 產量核算和成本核算的正確性。

· 生產費用發生數的真實性和合理性。

· 產品成本分配的合理性。

4.材料消耗和製造費用等項目的效益性。

七、審計具體實施進度

本次審計具體實施進度及審計人員分工如下表所示。

表 9-2-1　審計實施進度表

審計項目	審計目的	主要內容	審計時間	審計人員
材料消耗	真實性	計劃零用和材料消耗的核實，並確定成本分配的正確性	×月×日	×××
管理費用	合規性	開支項目、費用內容審查，並確定費用發生和分配的合規性	×月×日	×××
廢品損失	合理性	廢品數量及其損失費用的核實，並確定其合理性	×月×日	×××
成本核算	正確性	對生產費用的歸集，產成品與在產品成本的分配進行審查，並確定其正確性	×月×日	×××
單位成本	效益性	對當期與上期成本水準的差額進行檢查，並評價其效益性	×月×日	×××

八、審計品質控制措施

· 及時溝通，加強協調，減少工作漏洞。

· 實行三級覆核，嚴把品質關。

· 做好審前培訓，提高業務素質。

· 合理分配辦法，鼓勵揭示發現問題。

· 實行審計人員與事務所簽訂廉潔保密協定的制度。

九、審計資料的保密措施

參審人員對審計過程中掌握的情況負有保密責任，除法律、法規要求公佈外，不得提供和洩漏給第三人。如違反規定，公司將給予相應的處罰。

第三節　利潤中心管理工作要點

一、利潤中心的營業利潤核算工作要點

營業利潤是企業主要的利潤來源，營業利潤核算的主要工作依據是：營業利潤是主營業務收入減去主營業務成本和主營業務稅金及附加，減去營業費用、管理費用和財務費用加上其他業務利潤後的金額。

其中需要注意兩點：

1. 主營業務利潤是指主營業務收入減去主營業務成本和主營業務稅金及附加後的金額。

2. 其他業務利潤是指企業主營業務之外其他日常活動產生的利潤。

利潤總額核算的工作依據是：利潤總額等於營業利潤加上投資收益、補貼收入、營業外收入，減去營業外支出後的金額。

在實際工作中應注意以下三點：

1. 投資收益等於企業由於對外投資活動所取得的收益減去發生的投資損失和計提的投資減值準備後的淨額。

2. 補貼收入是指企業按規定實際收到退還的增值稅，或依據政府規定的補助定額。按銷量或工作量等計算並按期給予的定額補貼，以及屬於國家財政扶持的領域而給予的其他形式的補貼。

3. 營業外收入和營業外支出是指企業發生的與其生產經營活動無直接關係的各項收入和各項支出。營業外收入包括固定資產盤盈、處置固定資產淨收益、處置無形資產淨收益和罰款淨收入等。營業外支出包括固定資產盤虧、處置固定資產淨損失、處置無形資產淨損失、債務重組損失、計提的無形資產減值準備、計提的固定資產減值準備、計提的在建工程減值準備、罰款支出、捐贈支出、非常損失等。

二、利潤中心管理條例範本

第一條　年初時總裁室下達各部門的利潤指標和經營指標，各部門必須按計劃完成。遇特殊情況影響任務完成時，必須說明原因，取得總裁批准後，才能核減指標。

第二條　經企業平衡下達的各部門費用開支額或費用水準，各部門務必用於擴大營業額，爭取資金周轉次數的增加來降低費用水準，不得突破企業下達的費用額。

第三條　各部門使用的原材料和出售商品的購進，必須事前做出計畫，確定合理的庫存和購進適銷對路的商品，防止資金積壓。

第四條　各部門應繳企業財務部門的利潤，不得遲於月後十天。

第五條　各部門應負責利潤的明細核算，根據有關憑證，正確

計算銷售收入、成本、費用、稅金及利潤。

　　第六條　本辦法制定利潤中心有關的基本精神、組織原則、管理方式、資產劃分及酬金分配等基本事項。

　　第七條　本企業推行利潤中心制度，旨在激勵員工發揮自主自發精神，工作更加勤奮，使全體股東獲得更多的投資報酬，出力員工獲得合理的酬金，藉以提高敬業的精神，從而加速企業的成長與發展。

　　第八條　利潤中心制度的推行，各部（中心）均須制定必須達成的年度盈利目標，施以分層負責，從而最大限度地發揮各級人員個人的潛力，更須注重整體管理，這樣就能發揮以企業為主體的團隊精神。

　　第九條　利潤中心組織系統。（略）

　　第十條　根據公司業務及管理的需要，將公司分成管理、經銷、直銷三個事業部，各事業部設經理一人，全權負責各部門的經營。

　　第十一條　直銷事業部之下，設獨立工作的若干利潤中心，依其所定的方針及分配的盈利目標，經營該利潤中心所屬資源，執行盈利活動。

　　第十二條　總公司設秘書室、稽核室、人事室、電腦室、總務部、會計部、財務部、支援各利潤中心的經營。

　　1. 全企業文書收發及資料由秘書室統籌管理。

　　2. 稽核室專司分析各部的經營管理狀況，研究更新的經營管理方式，協助各部提高其生產力，並協助推行年度經營計畫，企業章則制度，各部室辦事細則，及新產品開發投資專案計畫的審核。

　　3. 人事室統一掌管全企業有關人事資料、考勤、招聘並支援協助各部的人力。

4.各部有關的經營統計資料由電腦室掌管統計分析。

5.全企業共通性的庶務工作由總務部統籌管理與規劃。

6.會計部除統籌掌管與記載全企業的各類賬務外，並按月分別提供各中心的資產負債及盈餘損益等經營分析所必需的各項資料。

7.財務部除掌管企業金錢、證券等統收統支外，並協助各部的財務調度工作。

第十三條　公司最高主管為總裁，總裁執行公司年度投資報酬率目標的全盤經營工作。

第十四條　各事業部負責人（經理）秉承總裁的指示，指揮所屬利潤中心，負責執行各部的年度盈利目標，如不能達到盈利目標，應自行讓賢或另調他職。

第十五條　管理事業部的費用應計人商品成本內，並加上合理的利潤，作內部計價轉拔於經銷、直銷事業部。

第十六條　如經營所需，各事業部可經總裁批准，向管理事業部貸款。貸款的計息方式如下：

1.各事業部所需周轉金的利息以月息計算。

2.各事業部為增添生產器具而貸款，以月息計收利息。

第十七條　每月 10 日以前，管理事業部列報各事業部的資產負債表及損益表，供各事業部負責人及總裁決策之需；同時列報各所屬中心的成本費用，用作事業部負責人管理的依據。

第十八條　各事業部一切對外的承諾、簽約等事項，均由管理事業部代表統籌辦理（營業活動除外）。

第十九條　各事業部對人事任免、調動、核薪及有關從業人員福利等事項，均有參與決定權，但須依公司的規定，由管理事業部統籌辦理並發佈。

第二十條　商品有關手續。

1.訂貨流程。訂貨人（店長或經銷商負責人）開立訂貨單→事業部主管核准→總裁核備→管理部備貨。

2.送貨流程（管理部主動配銷的流程亦同）。管理事業部（物料）開立送貨單→管理事業部主管核准→送貨單連同商品點發→管理事業部點收→送貨單簽收→管理事業部。

3.退貨流程。退貨單位開立退貨單→退貨單位主管核准→退貨單連同故障品運回管理事業部點收→退貨單簽回事業部。

4.上列的訂貨單、送貨單、退貨單均須順日期、順編號，當日送出，不得積壓。

5.事業部商品銷貨或退回，須按統一發票管理辦法及營業稅法的規定辦理。

第二十一條　財務會計事務辦理規定。

1.原則上各事業部有關現金與票據的收付，均集中於管理部財務單位辦理；對於零星開支，各事業部可設定周轉金額，憑單據先予支付，每週列清單報銷一次。各中心的周轉金額視業務需要另定。

2.管理部財務單位每日應按事業部所屬各中心就已執行的收支傳票，分別編制庫存現金日報表。

3.支出原始憑證均須由事業部經手人簽章及其主管的核章，才能支付，其金額在3000元以上者均須由事業部負責人核定。

4.各事業部財務不獨立，但每月及會計年度終了，須分別計算盈虧。

5.事業部相互間商品的調撥，由撥出部門開立《事業部物品調撥單》。該單一式三聯，撥人、撥出部門各存一聯，另一聯送財務會計單位保存，按成本登記人賬金額，不計算「內部利益」。

第二十二條　各部(中心)成立之初，均依下列方式分配資產與負債：

1. 總企業的現金由各中心申請貸為周轉金，帳面劃撥後，現金由財務部門統一保管。

2. 設備依各部(中心)實際所需，劃分於各部。

3. 材料、半成品、成品依實存量撥歸各部(中心)。

4. 土地除各部佔用及必需的空地處，劃歸財務部門。嗣後各部使用時，計收租金或重行劃歸該部。

5. 將企業現有的負債，依資產與負債比例分配於各部(中心)。

6. 各部不需要的資產(設備)統歸總務部處理，除成品外，非經總經理批准，不得自行變賣。

第二十三條　各部為爭取更多利潤而必需新添設備時，可擬定計劃經總經理批准後，向財務部門貸款，利息按第十四條第一款計算。

第二十四條　年度終了結算盈餘時，應按盈餘先減除所得稅，稅後剩餘額優先彌補上年度虧損，再計提公積金，然後方可發放股息、從業人員獎金等。

第二十五條　各事業部應得的從業人員獎金，由各事業部經理全權分配。

第二十六條　原則上應於次年 2 月底前，發放各事業部當年度結算的獎金。

第二十七條　任何部門均不得以任何理由在年度進行中，以預支或暫支名義發放獎金。

第二十八條　各事業部經管財物于年終盤點時，如發現有短缺，需在發放獎金時扣回。

第二十九條　有關事業部的目標編定及績效評估另依有關規定辦理。

三、利潤中心管理附則

第一條　本制度呈總裁核准後實施。

第二條　確認營業收入，必須以企業各項服務已經提供，同時已經收回相應的足額價款或取得收取價款的合法證據為標誌。

第三條　營業收入按實際價款計算，發生的各種折扣、回扣沖減當期營業收入。各級領導應嚴格按規定的折扣許可權簽單。需對外付出傭金的，應由經辦部門以書面報告的形式向主管領導請示，經同意再報經總經理批准後才可以支付，如需代領，代領人應由主管領導認定。

第四條　企業的一切營業性收入均需經財務部門收入賬核算，各收銀點當日收到的現金、支票、信用卡消費單等票據經夜間核算員核准後，于次日上午應全部上交財務部門；各營業部門預收的包餐、包房定金也應及時如數上交財務部門。

第五條　營業收入應按照配比的原則記賬，與同期發生的營業成本、營業費用、營業稅金及管理費用、財務費用一起反映，預收的房租等應按預付期分期計入當期營業收入中。

第六條　嚴格按照國家法令計提各項稅金、基金，並按時納稅。

第七條　企業的利潤總額計算公式為：

利潤=營業收入+投資淨收益+營業業外收入-營業稅金-營業成本-營業費用-財務費用-管理費用-營業外支出-匯總損失

⑴營業外收入包括：固定資產盤盈和出售淨收益、罰款淨收入、

禮品折價收入、因債權人原因確實無法支付的應付款項及其他收入；

(2)營業外支出包括：固定資產盤虧和毀損、報廢、出售淨損失、賠償金、違約金、罰款、捐贈以及其他支出。

第八條　按照企業規定，全年應上交的利潤按年計畫數分四個季度預交，到年終結算時經年審後，再多抵少補，保證全年計畫數。

第九條　企業每年交納所得稅後的利潤，按照財務制度的規定，依下列順序分配：(1)支付各項稅金的滯納金、罰金和被沒收的財物損失；

(2)彌補上一年的虧損；

(3)按企業和企業總經理室規定的比例，提取法定盈餘公積金和公益金；(4)按企業規定的金額，上交未分配利潤。

第十條　企業的公益金只能用於職工住房的購建、集體福利設施支出等項開支，且預先應通過總經理室批准。

第 *11* 章

財務部的財務分析管理

第一節　財務分析管理工作要點

一、財務分析的主要方法

在日常工作中，較常見的財務分析方法有以下三種：

1. 趨勢分析法

趨勢分析法是將連續幾期財務報表上有關項目的絕對數或相對數進行比較，用以揭示當期財務狀況和經營成果的好壞及其發展趨勢。採用趨勢分析法，至少要比較兩期以上的財務報表資料。通過比較，可以揭示出其變化情況。

趨勢分析法可以採用兩種分析形式，即統計圖表方式和比較報表方式。統計圖表方式是將有關項目各期資料製作成各種統計圖表，以反映各項目不同期間資料的相互關係和變化趨勢。比較報表

方式是在一般財務報表中設置歷史資料欄目,將相同項目的連續數期資料並列在一起,從中可以分析出這些項目資料的變化趨勢。這些資料可以是絕對數據,也可以是百分數。

2.比率分析法

比率分析法是指運用財務報表中相互關聯的項目之間的百分比或比例關係,來揭示和評價企業財務狀況和經營成果。運用比率分析法,可以定量分析企業的財務狀況、獲利能力、償債能力和營運能力等。

比率分析法簡便、實用、準確可靠,適合於絕大多數企業,是財務報表分析中最常用的一種分析方法。

3.結構分析法

結構分析是指通過對總額內每一項目的相對大小的對比,來分析企業各項資產和收益狀況。通過對企業的財務狀況進行結構分析,可以從總體上瞭解和評價企業的財務結構合理與否、企業償債能力的大小、獲利能力的強弱等。

結構分析的財務資料,主要來自於企業的資產負債表,重點應分析企業的資產結構、負債結構和所有者權益結構。

二、財務分析主要工作內容

1.對財務報表的分析

財務報表分析的主要工作內容是通過對企業定期編制的資產負債表、損益表、現金流量表及其附表和財務狀況說明書的閱讀整理以及計算,進行企業盈利能力分析、償債能力分析、財務狀況分析、籌資和投資狀況分析、成本費用開支情況分析。

2.對償債能力的分析

顧名思義，償債能力即指企業以自有資產償還所欠債務的能力。償債能力主要能夠反映兩方面資訊：

一方面，反映企業對債權人債務的保障程度；

另一方面，企業償債能力也體現企業持續經營的能力與經營風險的大小。償債能力越強，則持續經營能力越強，經營風險越小；反之亦然。

3.對獲利能力的分析

獲利能力是企業經營能力的核心，通常是指企業獲取利潤的能力。企業投資者和潛在投資者投資的主要目的在於獲取最大的收益，企業管理者的工作業績主要體現在所管理企業的獲利能力。因此，獲利能力分析是企業投資者和經營管理者最為關注的財務報表分析內容之一。

4.對資金營運能力的分析

資金營運能力是指企業充分利用所有資金創造財富的能力。企業資金營運能力是其獲利能力和償債能力的基礎，體現企業在市場競爭中的經營績效。在其他條件不變的情況下，加速企業資金的週轉，使單位資產在單位時間內發揮更大作用，就能不斷降低產品的生產成本和費用，獲取更多利潤。

三、財務報表分析標準

財務報表分析從資料的搜集到選擇分析方法，主要有以下四個標準：

（一）有明確的分析目的

會計報表的使用者，無論是企業管理者還是企業外部有關方面，都有自己特定的目的，他們都希望從報表中獲取對決策有用的資訊。會計報表的分析資料，有的是可以通用的，有的則只適用於特定的使用者。

（二）保證分析材料全面而且準確

會計報表分析的基本依據當然是企業編制的會計報表。但是，為了正確評價企業的經營成果與財務狀況，滿足報表使用者的決策需要，報表分析人員應該盡可能搜集其他有關資料。資料的來源管道不外乎企業內部與外部兩個方面。取得這些分析資料的難易程度主要取決於報表使用者是企業管理者還是企業外界有關方面。為企業內部管理服務的報表分析，很容易取得深入分析所需要的資料。為企業的投資者、債權人等外部使用者服務的報表分析，則比較難以取得公開的會計報表之外的其他資料。但對於股票公開上市的公司來說，報表分析者還可以從證券交易管理機構取得有關資料。此外，某些經濟新聞媒介的有關資訊也可以作為報表分析的參考依據。

（三）以正確方法分析

會計報表分析的方法有很多種，各種方法都有其特定的用途。這就要求在明確報表使用者的目的這一前提條件下，根據需要和可能選擇適當的分析方法。

（四）以正確的標準評價

不論採用什麼方法進行報表分析，都必須確定某種評價標準，以判斷報表分析所揭示的關係是否對報表使用者有利。常用的標準有以下兩種：

1. 企業過去的績效。將當期所分析的資料同前期按同樣方法所

求得的資料進行比較，可以評價企業某方面情況的變化趨勢，有時還可據以預測未來。但採用這種評價標準，將現在的資料與過去資料相比較，仍然缺少一個評價的絕對基礎。例如，去年的利潤額為銷售收入的 4%，今年為 5%，這種比較雖然能夠顯示企業獲利情況得到改善這一事實，但並不能說明今年的 5%是理想的或適當的，因為可能有證據證明這一比例應該能夠達到更高的水準（如 8%）。因此，僅採用企業過去的績效這種標準，在很多情況下還不能全面評價企業的經營成果與財務狀況。

2.同行業先進（或平均）水準。將企業的某方面資料與同行業平均水準或某種預定的標準進行比較，有利於正確評價企業的現狀。

四、財務分析的撰寫辦法

第 1 條：規範公司的財務分析確實有效，方便公司內部統一管理，特制定本規定。

第 2 條：本規定適用於本公司的所有核算單位，包括獨立核算單位和單獨核算單位。

第 3 條：各指標的計算和格式，按企業財務分析表執行。

第 4 條：表中的計劃數指各公司每年度的承包指標數。

第 5 條：工業企業應揭示工業產品銷售率及與上年同期對比的增減水準。

第 6 條：投資收益率指標只限於年度分析填列。

第 7 條：在進行生產經營狀況分析時，從產量、產值、品質及銷售等方面對公司本期的生產經營活動作一簡單評價，並與上年同期水準作一對比說明。

第 8 條：在成本費用分析時，原材料消耗與上期對比增減變化情況，對變化原因作出分析說明。

第 9 條：在成本費用分析時，管理費用與銷售費用的增減變化情況（與上期對比）並分析變化的原因，對業務費、銷售傭金單列分析。

第 10 條：在成本費用分析時，以本期各產品產量大小為依據確定本公司主要產品，分析其銷售毛利，並根據具體情況分析降低產品單位成本的可行途徑。

第 11 條：在利潤分析時，對各項投資收益、匯總損益及其他營業收入作出說明。

第 12 條：在利潤分析時，分析利潤完成情況及其原因。

第 13 條：在存貨分析時，根據產品銷售率分析本公司產銷平衡情況。

第 14 條：在存貨分析時，分析存貨積壓的形成原因及庫存產品完好程度。

第 15 條：在存貨分析時，本期處理庫存積壓產品的分析，包括處理的數量、金額及導致的損失。

第 16 條：在應收賬款分析時，分析金額較大的應收賬款形成原因及處理情況，包括催收或上訴的進度情況。

第 17 條：在應收賬款分析時，本期未取得貨款的收入占總銷售收入的比例，比例較大的應說明原因。

第 18 條：在應收賬款分析時，應收賬款中非應收貨款部份的數量，包括預付貨款、定金及借給外單位的款項等，對於借給外單位和其他用途而掛應收賬款科目的款項應單獨列出並作出說明。

第 19 條：在應收賬款分析時，季、年度分析應對應收賬款進行

賬齡分析，予以分類說明。

第 20 條：在負債分析時，根據負債比率、流動比率及速動比率分析企業的償債能力及財務風險的大小。

第 21 條：在負債分析時，分析本期增加的借款的去向。

第 22 條：在負債分析時，季分析和年度分析應根據各項借款的利息率與資金利潤率的對比，分析各項借款的經濟性，以作為調整借款管道和計劃的依據之一。

第 23 條：在財務分析中，對發生重大變化的有關資產和負債項目（如長期投資等）作出分析說明。

第 24 條：在財務分析中，對數額較大的待攤費用、預提費用超過限度的現金餘額作出分析。

第 25 條：在財務分析中，對其他影響企業效益和財務狀況較大的項目和重大事件作出分析說明。

第 26 條：根據分析，結合具體情況，對企業生產、經營提出合理化建議。

第 27 條：根據分析，結合具體情況，對現行財務管理制度提出建議。

第 28 條：根據分析，結合具體情況，總結前期工作中的成功經驗。

第 29 條：財務分析應有公司負責人和填表人簽名，並在第一頁表上的右上方蓋上單位公章。如欄目或紙張不夠，請另加附頁，但要保持整齊、美觀。

第 30 條：本公司財務分析應在每月 10 日前報財務管理部，一式兩份。

第二節　財務分析管理工作

一、財務分析範本

2020 年，公司進行了一系列的內部改革及技術改造，完成了產品結構的局部整，生產經營情況和財務狀況明顯好轉。工業總產值達××萬元，比上年增加××%；產品銷售收入為××萬元，比上年增加××%；實現利潤××萬元，比上年增加××%；人均創利潤達到××萬元，比上年增加一倍。

（一）利潤情況分析

本年，公司實現利潤××萬元，比上年增加××%，淨增××萬元。產值利潤率達××%，銷售收入利潤率達到××%，創歷史最高水準。

1.屬於增加利潤的因素，共使利潤增加××萬元。

· 由於提高了部份產品價格，利潤比去年增加××萬元。

· 產品銷售量增加，使公司比上年增加利潤××萬元。

· 技術改造之後，品種結構發生變化，增加新產品七種，增加利潤××萬元。

· 由於減少外協加工部件，公司比去年減少虧損××萬元。

· 由於部份物資消耗定額比去年略有降低，部份產品成本降低××萬元。

· 營業外收入比去年增加××萬元。

· 由於財務費用下降，比去年增加利潤××萬元。

· 投資收益比去年增加××萬元。

2.屬於減少利潤的因素，共使利潤減少××萬元。

· 由於銷售成本增加，利潤比去年減少××萬元。

· 由於增值稅稅率比去年有所提高，利潤減少××萬元。

· 銷售費用上升，比去年減少利潤××萬元。

· 由於外賣材料虧損，減少利潤××萬元。

· 管理費用上升，減少利潤××萬元。

· 營業外支出增加，相應減少利潤××萬元。

（二）資金情況分析

1.公司存貨積壓現象較明顯，流動資金緊張，週轉情況欠佳，具體表現如下。

· 本年應收賬款週轉率為××%，比去年降低××%。主要原因是產品賒銷情況較多，貨款不能及時回收所致。

· 存貨週轉率為××%，比去年降低××%。主要原因是調整產品結構後，庫存鋼材有所增加，原積壓材料又未能及時處理。

2.流動資金週轉天數為××天，比去年增加××天。

3.流動比率為××%，尚屬正常；速動比率為××%，低於常規水準。

（三）成本情況分析

本年度，公司全部商品總成本為××萬元，可比產品成本××萬元，按去年平均單位成本計算，為××萬元，上升××%。

1.原材料價格變動，導致成本上升××萬元。

· 部份鋼材價格上調，使成本上升××萬元。

· 灰鑄鐵價格上調，使成本上升××萬元。

· 銅材價格上調，使成本上升××萬元。

2. 燃料、動力及運費提價，導致成本上升××萬元。

· 煤炭提價××萬元。

· 電提價××萬元。

· 運費提價××萬元。

· 水提價××萬元。

3. 工資及附加費增加××萬元。

4. 通過「雙增雙節」活動，部份產品的原材料消耗定額得以降低，從而使成本下降××萬元。

5. 通過技術改造，廢品損失比上年減少××萬元。

（四）費用情況分析

本年度管理費用為××萬元，比去年增加××萬元；銷售費用××萬元，比去年增加××萬元。主要原因在於汽車、鐵路、航空運費普遍漲價，以及按政策調升了員工工資。

財務費用××萬元，比去年減少××萬元。系歸還銀行貸款，從而減少利息支出所致。

（五）需說明的問題

1. 固定資產盈虧報廢情況。

按規定公司以 11 月末財務帳面數為準，對固定資產實物進行盤點，處理盤盈資產××萬元；處理盤虧資產××萬元；報廢清理固定資產××萬元。報廢固定資產的主要原因如下。

· 固定資產已超過使用期限，不能維持正常生產。

· 進口設備磨損嚴重，無備件更換。

· 設計結構落後，能耗高。

以上資產都是經有關部門鑑定、確認後報廢的。

2. 壞賬損失處理情況。

共處理壞賬××筆，金額××萬元。其中債務人破產造成壞賬損失××萬元，債務人調離或死亡造成壞賬損失××萬元。

綜上所述，本年公司效益良好，這是企業進行技術改造、產品結構調整的結果，也是公司內部改革逐步深化及開展「雙增雙節」活動所帶來的成效。但是，我們也要看到，由於受整個市場形勢的影響，大量貨款不能收回，企業內部庫存物資清理工作沒有很好地開展，資金大量佔用在應收賬款及存貨上，從而嚴重影響企業的生產經營活動。按目前的財務狀況，至少需補充××萬元的流動資金，才能確保生產經營的良性循環。現在，公司技術改造工作雖已局部完成並已發揮效用，但若徹底進行技術改造還需籌集大筆資金。在明年的工作中，建議公司加強銷售收入回收、存貨清理和物資管理工作，完成產品結構的全面調整及技術改造工作，加強財務管理，提高資金使用效率，使公司效益更上一層樓。

××公司財務部

2021 年 1 月 1 日

二、盈利分析範本

本公司自 2019 年從國外引進二平板紙機和機內橋式塗布機生產塗料白板紙以來，效益有了較大的提高。為單獨觀察這一新產品的盈虧平衡點和盈利狀況，我們按公司的要求，對塗料白板紙的產、銷、利，進行了以下四方面的計算和分析。

（一）對盈虧平衡點的計算

據計算，每噸塗料白板紙的銷售價格為 2350 元、變動成本為 1980 元，每年固定成本總額為 407 萬元。根據這些數據再按方程式

法計算出來的盈虧平衡點的銷量應為 11000 噸。根據本公司去年的實際銷售情況,本年度業已達到 17400 噸,超過盈虧平衡點 6400 噸,盈利 236.8 萬元,此產品已成為公司盈利較多的一種新產品。

1. 盈虧平衡點上的銷量

盈虧平衡點上的銷量＝4070000÷(2350÷1980)＝11000（噸）

2. 按去年實際銷量計算的利潤總額

$$＝(17400×2350)－(17400×1980)－4070000$$

$$＝40890000÷34452000÷4070000$$

$$＝2368000（元）（稅前利潤）$$

從以上情況可以看出,新產品具有兩個鮮明的特點:一是盈虧平衡點的銷量較高;二是銷量越過盈虧平衡點之後,盈利的數額和增長幅度大。這是引進設備的一次性投資較大,固定成本總額偏高所致,但只要產量、銷售量達到一定程度,效益還是相當可觀的。

（二）利潤總額達到 4007 萬元時的銷售量

按以上數據計算,在公司塗料白板紙的利潤總額要求達到 400 萬元時,這種 400 萬元時,這種新產品的銷售量必須達到 21810 噸,才能實現。

$$(4000000＋4070000)÷(2350÷1980)＝8070000÷370＝21810（噸）$$

而從今年上半年的實際銷售情況來看,外銷管道已逐步打通,出口數量逐漸增多,新產品的銷售量已達 13412 噸,如不發生特殊情況,預計全年銷售量可實現 2.5 萬噸,利潤總額也可以達到 518 萬元左右。

銷售量達到 2.5 萬噸時的利潤如下。

$$＝(25000×2350)÷(25000×1980)÷4070000$$

$$＝58750000÷49500000÷4070000$$

＝5180000（元）

（三）銷售量達到 3 萬噸時的利潤總額

如果按引進設備的設計能力計算，塗料白板紙的最高年產量可以達到三萬多噸。若銷售數量每年能達到三萬噸，僅該產品即可創利 703 萬元，扣繳稅、費之後，企業留利至少可以達到 300 萬元。這既是該產品創利的最高點，也是本公司創利最多的產品。

銷量達到 3 萬噸時的利潤如下。

＝（30000×2350）÷（30000×1980）÷4070000

＝70500000÷59400000÷4070000

＝7030000（元）

為確保數字計算準確可靠，以上所用銷售價格都是按最低價計算的；如售價升高，創利數還可增多一些。

（四）市場調查的預測銷量

從外商訂貨情況看，本公司產品品質已經趕上××和××等國產品，而且價格也略低於國際市場的平均價格，所以外商提出如果出廠價格能保持在每噸 420～430 美元之間，僅兩家外商即可包銷兩萬噸以上。至於國內市場，在省內幾個大城市便可賣出一萬噸左右。只是目前因設備尚處於調整階段，還不具備滿負荷運行的條件，預計明年能達到設計能力，如電力供應充足，最高年產量可達到 3.3 萬噸左右。所以，我們預測明年該產品的產、銷、利將達到最高限。

××公司財務部

××××年×月×日

三、財務指標完成情況分析報告範本

（一）利潤完成情況

1.計劃 1～9 月實現利潤 100 萬元，實際完成 102.1 萬元，超額 2.1 萬元。但與去年同期相比利潤減少了 21.7 萬元。

2.與去年同期相比較，今年 1～9 月利潤減少的主要原因是產值、產量、銷售都比去年同期有所下降。今年 1～9 月產值 681 萬元，去年同期產值為 743 萬元，減少了 62 萬元；今年 1～9 月銷售額 618 萬元，去年同期為 679 萬元，減少了 61 萬元。如按 20%銷售利潤率計算，因銷售減少而致使利潤減少 12 萬元以上。如按工廠來分析，除鑄工工廠、綜合工廠利潤比去年同期增加外，其他工廠都不同程度地下降了。由於調價因素，鑄工工廠產品銷售利潤從去年的 15.2 萬元增加到 18.1 萬元，增加了近 3 萬元；綜合工廠金屬模銷售收入增加，利潤從去年的 3.1 萬元增加到今年的 3.9 萬元，增加 8000 元；鍛工工廠的利潤從去年的 42.1 萬元下降到 36.4 萬元，減少 5.7 萬元；銅鋁工廠的利潤從去年的 72.2 萬元下降到今年的 42.2 萬元，減少 30 萬元；失臘工廠的利潤從去年的 14.8 萬元下降到今年的 12.3 萬元，下降 2.5 萬元；鑄鋼工廠去年虧損 12.8 萬元，今年虧損 2.6 萬元，減少虧損 10 萬元。如從今年品種產量變化來看，影響利潤較多的是鋁鑄件。去年鋁鑄件 1～9 月產量 304 噸，今年同期產量 197.5 噸，減少 106.5 噸。產量降低、成本升高，致使利潤減少 20 多萬元。

3.截至今年 1～9 月全廠員工人數 771 人，而去年同期為 702 人，增加 69 人。今年全員勞動生產率每人 9279 元，去年同期為 10626 元，減少 1347 元。今年出勤率為 90.7%，工日利用率為 81.69%；去

年出勤率為 88%，工日利用率為 81%。工資總額今年 1～9 月為 47.6 萬元，去年同期為 45 萬元，增加了 2.6 萬元。

4. 今年 1～9 月公司管理費為 33.7 萬元，去年週期為 26.9 萬元，增加了 6.9 萬元。其中運輸費支出比去年增加 1.5 萬元，管理人員工資比去年增加 7000 元，勞動保護、營養餐、冷飲費用比去年同期多支付 6000 元，修理費支出也比去年同期增加了 3.1 萬元，保險費支出比去年多 0.27 萬元，水電費支出比去年同期多支付 0.3 萬元，廢水罰款今年 4 個月支付 0.22 萬元，比去年有所增加。辦公費及利息支出比去年減少。

5. 營業外支出基本上接近，均為 10.3 萬元左右。但是培訓費今年支付 1.3 萬元，去年支付 2.4 萬元，減少 1.1 萬元；退休勞保人員工資今年比去年多支 0.7 萬元。

（二）成本完成情況

本年度計劃可比產品成本降低率為 1%，實際 1～9 月可比產品成本降低率是 1.66%，超過原計劃 0.66%。主要原因如下。

1. 鍛工工廠。高炭、中炭、加工件都比去年平均單位成本降低，中炭比去年平均單位成本每噸下降 24 元，加工件成本單價下降 30 元。成本下降使今年鍛鋼件產量比去年同期增加 80 多噸。另外煤氣改造後，單位耗用煤氣量從去年的 964 立方米/噸下降到今年的 787 立方米/噸。

2. 鑄工工廠。今年 1～9 月平均每噸單位成本 534 元，比去年平均單位成本每噸 538 元下降 4 元。

3. 鑄鋼工廠。不銹鋼今年 1～9 月的單位成本是 5870 元/噸，比去年平均單位成本 7752 元/噸下降了 1882 元。下降原因是不銹鋼產量比去年有所增加，其次是材料單耗有所下降。

4. 銅鋁工廠。鑄銅件成本今年 1～9 月平均單位成本是 5363 元/噸，與去年平均單位成本 5475 元/噸相比，每噸下降 112 元。下降原因是今年的產量比去年同期增加 25 噸。另外銅板產量高，損耗較低。今年三季銅損耗比去年同期有所下降，去年三季損耗率為 4.3%，今年損耗率為 4.19%，下降 0.11%。三季節約銅 5.3 噸，節約鋁 2.8 噸。

5. 失臘工廠。除不銹鋼外四種產品單位成本均比去年升高。究其原因，主要是因為產量急劇下降。今年 1～9 月比去年同期減少產量 27.5 噸，而固定費用不變，該工廠耗電量，超過了公司核定的水準。

（三）資金完成情況

1. 公司核定的定額流動資產平均餘額是 90 萬，1～9 月累計數是 88.8 萬，減少 1.2 萬元。公司核定每百元佔用流動資金是 12 元，今年 1～9 月累計數是 9.78 元，下降 2.22 元。公司下達週轉天數 38 天，實際數是 38 天，完成指標。

2. 以上三項資金考核指標與去年同期比較都略有上升，主要是因為產值、銷售額都比去年同期下降了 60 萬元。定額流動資產平均餘額比去年同期上升 2.9 萬元；同時成品資金上升較多，今年 9 月底成品資金餘額是 26.9 萬元，比計劃的 20 萬元上升近 7 萬元。

（四）參考意見

1. 今年第四季要完成 40 萬元利潤指標，即平均每月要達到 13 萬元以上。按照第四季產值銷售計劃 220 萬元計算，平均銷售利潤率要達到 20%左右，而 1～9 月的銷售利潤率只有 16.6%。這就要求一方面要抓好增產計劃，另一方面要做好節支工作；否則要完成利潤指標困難很大。

2.要做好成品發運工作，加速資金週轉。今年成品資金上升較多，一方面是由於生產安排的影響；另一方面是成品發運工作做得不細緻的原因。我們要進一步加強對銷售工作的領導，抓好成品發運工作，加速流動資金的週轉。

3.必須抓好重點工廠、重點產品的生產進度的安排。銅鋁工廠鋁鑄件利潤是影響今年利潤指標完成的關鍵，希望廠部在勞動力安排、材料供應、技術品質等方面都應給予優先照顧，以保證生產任務的完成。

4.必須大力壓縮公司管理費的支出。公司下達的工廠經費、企業管理費是 53 萬元，1～9 月實際支付 37 萬元，第四季我們要加強控制，不讓它突破指標。我們希望工廠要抓好消耗材料和物料領用的控制工作，節約各項費用支出，以增加利潤，保證三項財務指標的完成。

第三節　財務控制管理規範化制度

一、企業財務控制制度範本

第 1 條：加強企業財務管理內部控制，規範企業財務行為，提高經濟效益，本企業根據規定，結合企業的實際情況，制定本制度。

第 2 條：本企業財務管理由財務部負責，其基本任務和方法是，做好各項財務收支的計劃控制、核算、分析和考核工作，依法合理籌集資金；參與經營投資決算；有效利用企業各項資產；努力提高經濟效益。

第 3 條：建立和健全企業內部控制制度。內部控制是為了保護企業資產的安全完整和有效運用，保證會計資料的有效運用，保證會計資料的真實可靠，提高經濟管理水準和效益，而在企業內部所採取的一系列組織規則、業務處理程序以及其他調節方法和措施的總稱。內部控制制度一般分為內部會計控制制度和內部管理控制制度兩類。

第 4 條：資本金是生產經營期間，投資者除依法轉讓外，不得以任何方式抽走。如需增資，應經企業董事會研究決定，依照法定程序報經工商行政管理部門辦理註冊資本變更登記手續。

第 5 條：本企業和所屬企業的所有者權益除實收資本外，還包括資本公積、盈餘公積和未分配利潤。其中資本公積和盈餘公積經企業董事會研究決定，可以按照規定程序轉增資本金。

第 6 條：本企業或所屬企業，通過負債方式籌集的資金，分為流動負債和長期負債。

⑴流動負債，包括短期借款、應付及預收賬款、應付票據、其他應付款等。其中，應付及預收賬款、應付票據等負債，應由銷售或營業部門負責，財務部門積極配合；短期借款及其他負債則由財務部門負責籌措其發生和償還；各部門自行籌措的短期性借款，除總經理批准的以外，不負責償還。

⑵長期負債，包括長期借款、應付債券、長期應付款等，均由總經理授權，由財務部門負責籌措其發生和償還。

⑶財務部門在籌短期借款、長期借款等負債時，應考慮是否有利於生產經營或投資項目及財務風險等情況。

第 7 條：企業各部門要在財務部的指導下，編好月份和年度現金（包括銀行）收支預算。月份提前一週、年度提前一月編報財務

部。

第 8 條：企業所屬企業要在財務部門的指導下，編好月份和年度資金上交與下撥及企業往來的財務收支預算。月份提前一週、年度提前一月編制報財務部。

第 9 條：財務部門和所屬企業財務收支預算匯總，加上企業現金和轉賬部份，即為全企業的財務收支預算，經總經理批准後執行。

第 10 條：凡預算外的財務收支，需單列項目報告總經理批准後辦理。

第 11 條：建立定額備用金制度

第 12 條：各部門零用現金定額規定如下：

生產部××元、經銷部××元、綜合部××元、工程部××元、辦公室××元。

第 13 條：對各部門零用現金實行限額開支審核報銷辦法。

⑴各部門單項支出在 1000 元以下的，先備用現金開支，然後匯總填制「備用金支付單」，將取得合法的發票單據附在後面，經本部門負責人簽批後，到財務部門辦理審核報銷手續，由會計填制「付款憑證」，憑此到出納處領取現金，以補充部門備用金。

⑵各部門單項支出在 1000 元以上的，不能在備用金中支付。應由用款部門填制「請款單」，經規定的負責人簽批後，到財務部門辦理預支款手續，由會計填制「付款憑證」（或以「請款單」第二聯代「付款憑證」），憑此到出納處領取支票或現金。

⑶用款部門在購置物品驗收或付費等業務手續辦妥後，應及時將取得合法的發票單據（在發票背面要註明用途，有經辦人、驗收人、主管簽字）附在原「請款單」存根聯後面，到財務部門辦理單項報銷審核手續。如預支款項與實際支付不一致時，應在報銷時辦

理多退款（或少補款）手續。

⑷單項在 1000 元以下的零用金支出，所取得的發票單據要在月末之前及時報銷，不得跨月。

單項在 1000 元以上的支出，所取得的發票單據要及時報銷，不得掛賬。

第 14 條：執行按簽批金額許可權審批付款：

⑴2000 元以上支出，由各部門負責人審核後報總經理審核批准；

⑵專項用途資金支出，在確定的金額內，由總經理或分管副總經理審核批准；

⑶2000 元以下辦公支出，由財務部門審核批准；

⑷因經營需要代收代付款項，由財務部審核批准，但必須堅持先收後付，不改變原款形式用途原則。

第 15 條：在財務部門設置專職出納員，負責辦理貨幣資金（現金、銀行存款）的收付業務。會計不得兼任出納。出納不得兼任其他業務工作，除登記現金、銀行日記賬外，不得保管憑證和其他賬目。

第 16 條：加強對現金的稽核管理，所有現金（包括銀行存款）業務收入，應憑收入憑證和收入日報表，並經內部稽核和兌換外幣。

第 17 條：嚴格付款審批和支票的簽發。所有付款均應按審批金額許可權由兩人以上有關人員辦理。付款支票必須經過兩人或兩人以上的簽章方為有效。財務和支票專用圖章，必須分別掌管，不得由一個人包辦。不准開出「空頭支票」和「空白支票」，開除支票要進行登記。

第 18 條：收付款項要通過會計填制記賬憑證，所有現金和銀行存款的收支都必須通過經辦會計在審核原始憑證無誤後填制收付憑

證，然後由出納檢查所屬原始憑證是否完整後辦理收付款，並在收付憑證及所附原始憑證上加蓋「收訖」或「付訖」戳記。

第 19 條：及時登記現金、銀行存款日記賬和結賬，現金日記賬按幣種設置，銀行日記賬要按帳號分別設置，每日要結出餘額。庫存現金的帳面餘額要由出納同實際庫存現金每日核對相符。銀行存款帳面餘額要由會計每月與銀行對帳單核對調節相符。

第 20 條：長期投資項目要在市場預測的基礎上，立項進行可行性研究，考慮資金的時間價值和投資的風險，經經理辦公會研究決定後進行，並由總經理授權負責長期投資項目的部門和主要負責人。對外合資合作參股項目，必須嚴格按照有關規定辦理海關、工商、稅務等手續。財務部門要為決策提出參考意見，履行嚴格的財務手續，督促、檢查項目的執行效益情況。

第 21 條：健全股票、債券和投資憑證登記保管和記名登記制度，主管長期投資的業務部門要出兩人以上的人員共同管理，對股票、債券和投資憑證的名稱、數量、價值及存放日期做好詳細記錄，分別建立登記簿，除無記名證券外，企業購入的證券應儘快登記於企業名下，切忌登記於經辦人員名下。

第 22 條：對長期投資業務做好詳細記錄，建立定期盤點制度。對所屬企業，每隔半年（經營年度）清點（清理）一次資產負債和檢查經營情況；對非控股企業必須每年進行一次投資和收益檢查工作。對股票和債券投資，由財務部門做好會計記錄，對每一種股票和債券分別設立明細賬，並記錄其名稱、面值、證券編號、數量、取得日期、經紀人（證券商名稱）、購入成本、收取的股票和利息等。對個別其他投資也應設置明細賬，核算投資及其投資收回等業務。每年至少組織一次清查盤點，保證賬實相符。

第 23 條：如長期投資出現虧損或總經理認為有必要時，企業視情況授權財務部門或委託會計師事務所，對虧損單位或項目進行審計，並據此對虧損予以確認，作出處理決定。

第 24 條：企業所屬企業因故撤銷、合併、出讓時，應按《企業法》的有關要求，認真做好債權債務的清理工作。

第 25 條：短期投資業務，要由總經理授權的主管業務部門和主要負責人辦理該項業務。一般按照經辦提出——主管審核——總經理批准——實際投資——驗收登記到期收回等程序辦理。

第 26 條：有價證券的會計記錄、登記保管、定期盤點等制度可參照長期投資辦法進行。

第 27 條：短期投資如出現虧損，企業授權財務部門對業務部門經營情況進行審計，並報總經理批准列虧。如出現較大虧損，企業可委託會計事務所對該經營項目進行審計。

第 28 條：對外大額存款業務，由總經理授權財務部門負責辦理。一般按信用調查——利息比較——主管審查——總經理批准——對外存款——到期收回等程序辦理。

第 29 條：對大額存款利息商定要有兩人在場，還款收回、利息收入等要做好詳細記錄，及時入賬，要注意合法性和正確性。

第 30 條：企業銷貨業務應統一歸口由銷售或營業部門辦理，其他部門及人員未經授權不得兼辦。銷售業務一般按接受訂單——通知生產——銷貨通知——賒銷審查——發（送）貨——開票——收票結算等程序辦理。

第 31 條：銷售或營業部門根據生產經營目標和市場預測，編制銷售或營業收入計劃，承接購貨客戶的「訂貨單」通知生產部門組織生產、加工等業務工作。

第 32 條：銷售發票由財務部門專人登記保管，負責給銷售或營業部門開票、發出銷貨通知給倉庫發貨或運輸部門發運或送貨。

第 33 條：銷貨業務的貨款，應全部通過財務部門審核結算收款，在發票上加蓋財務收款專用章。賒銷業務應經過信用審查，財務部門應將銷貨發票與銷貨單、訂貨單、運（送）貨單相核對。

第 34 條：由銷貨或營業部門制訂價格目錄或定價辦法及退貨、折扣、折讓等問題的處理規定，由財務部門進行審核監督。

第 35 條：銷貨業務發生的退貨、調換、修理、修配等三包事項，同樣通過銷貨或營業部門按規定辦法辦完業務手續後，憑證由財務部門辦理結算或轉賬手續。

第 36 條：企業的購貨業務應統一歸口由供應部門負責辦理，其他部門及人員未經授權不得兼辦。購貨和付款業務一般按請購——訂貨——到貨——驗收——付款等程序辦理。按合同承付貨款有據，拒付有理。

第 37 條：供應部門應根據生產經營需要和庫存情況編制採購供應計劃，對計劃採購訂貨要簽定合同或訂貨單。合同要求條款清楚、責任明確、內容全面，按合同承付貨款有據，拒付有理。

第 38 條：市場臨時採購，由使用部門根據需求提出「請購單」報經供應部門審批後辦理，較大採購項目須報總經理批准。

第 39 條：所有購貨業務要做到：情報準、品質好、價格低、數量清、供貨及時、運輸方便、就地就近。

第 40 條：採購貨物，要由倉庫和品質檢驗部門進行數量和品質驗收，並由倉庫保管員、品質檢查員及有關負責人在驗收單上簽章。

第 41 條：購貨付款手續，不論是合同訂貨還是市場臨時採購，均由供應部門辦理，按規定到財務部門辦理請付款手續。

第 42 條：到貨驗收付款後，由供應部門請款經辦人將審核無誤的訂貨單、驗收單、發票帳單附在請款單第一聯後，經有關業務主管審批後，到財務部門辦理審核報銷轉賬手續。

第 43 條：財務部門將從倉庫簽收一份驗收單與供應部門報銷轉來得發票帳單所附的一份驗收單進行核對，以掌握購貨業務的請款、推銷及在途物資的情況。

第 44 條：有關業務由生產部門負責。對於原材料的消耗及成本費用的發生和控制，應由生產部門和財務部門及所有有關部門建立成本責任制。嚴格成本費用的開支範圍和開支標準，節約消耗，減少費用，降低成本，財務部門建立成本控制和成本核算制度。

第 45 條：建立嚴格的領退料制度，按技術消耗定額發料，按實際計算材料成本。

第 46 條：加強人事和工資的管理，嚴格考勤，核實工資的計算與發放。正確處理工資及福利費的核算與分配。

第 47 條：重視製造費用發生的核算與分配。注意物料消耗、折舊費的計算、費用項目的設置等是否合法合理。

第 48 條：生產成本、運輸成本、營業成本的計算要真實合理，不得亂擠亂攤成本。要劃清產品與完工產品和本期成本與下期成本及各種產品成本之間的界限。

第 49 條：對期間費用（管理費用、財務費用、銷售費用）的項目要合法合理，支出要符合開支範圍的開支標準，憑證手續要正規。

第 50 條：加強存貨和倉庫的管理，建立倉庫經濟核算，搞好有關基礎工作，做到賬、卡、物、資金一致。

第 51 條：對存貨數量較大的企業，應實行「永續盤存制」。建立收發存和領退的計量、計價、檢驗及定期盤存（每半年一次）與

帳面結存核對的辦法。其本期耗用或銷貨成本，按領發貨憑證計價確定。

　　第 52 條：對存貨實行永續盤存制有困難的企業，可實行實地盤存制，即期末存貨沒有明細賬面餘額。通過實地盤存來確定期末存貨，其本期耗用或銷售成本，按下列公式計算：

　　本期耗用或銷貨成本＝期初存貨成本＋本期購貨成本－期末存貨成本

　　第 53 條：存貨計價方法：

　　按實際成本進行日常核算的，採用加權平均法計價；

　　按計劃成本進行日常核算的，採用計劃價格計劃，期末分攤價格差異。

　　第 54 條：領用低值易耗品，採用一次攤銷。如一次領用數額較大，影響當期成木費用，可通過待攤費用分次攤銷。對在用低值易耗品由使用部門和主管部門進行登記管理。

　　第 55 條：職工的聘用、解聘、離職和起薪及工資變動等事項，應由人事部門及時以書面憑證通知財務部門及員工所在單位，作為人事管理和計算工資的依據。

　　第 56 條：工資的計算和支付，要嚴格按照考勤制度、工時產量記錄、工資標準及有關規定，進行計算和發放，並根據工資總額和規定標準，正確計提應付職工的福利費、職工教育經費、工會經費。

　　第 57 條：對職工的責任賠款，應由有關業務部門和人事部門根據勞動法規，並經職工本人簽字同意後，方可轉財務部門扣款。

　　第 58 條：領取工資應由本人簽章。本人不在應由其指定人員和其同組人員代領，並由代領人簽章。在規定期限內未領取的工資，應退回財務部門，待領工資記人「其他應付款」帳戶。

第 59 條：根據成本核算辦法，將工資及職工福利費，按職工類別、工時產量統計和單位工資標準，合理分配，計入產品直接按工資成本、製造費用、銷售費用、管理費用等有關帳戶。

第 60 條：當期實現的主管業務收入（銷售收入、運輸收入、營業收入、經營收入）要全部及時入賬，並和與之對應的銷售成本、運輸成本、營業成本、經營成本相互配比，減去當期應交的營業稅金及附加和期間費用後的餘額，即為主營業務利潤，從而反映出企業的主要經營成果。

第 61 條：當期實現的其他業務收入要全部、及時入賬，並和與之對應的其他業務支出相配比，求出其他業務利潤。

第 62 條：按規定計算投資收益，對投資收益的取得要合法，確定要符合權責發生制，計算要合規，入賬要及時，處理要恰當；對投資損失的計算要合法、正確，實事求是。

第 63 條：對營業外收支項目的設置要合法、合理，收支項目的數額要真實、正確，賬務處理要恰當。

第 64 條：實行財產主管部門、財產使用部門和財產核算管理部門的分工負責制。

⑴財產主管部門：為本企業工程部門（或企業指定部門），負責固定資產登記管理、建設、購置、處置、報廢等業務；

⑵財產使用部門：負責固定資產的合理使用、保管維修；

⑶財產核算管理部門：為本企業財務部，負責固定資產的核算、綜合價值管理，每年組織清查盤點一次。

第 65 條：固定資產的建設與購置，一般按下列程序辦理：

⑴申請購建：由使用部門提出增加固定資產的報告，交主管部門進行可行性研究後，提出購建報告；

(2)審核批准：報總經理審核批准；

(3)對外訂貨：由主管部門負責對外訂貨，簽訂建設安裝工程合同；

(4)建設安裝：由主管部門負責監督施工單位施工，按工程進度付款；

(5)驗收使用：由主管部門組織驗收，交付使用部門使用；

(6)結算付款：根據固定資產購建報告，訂貨、驗收單、工程合同、完工交接單、竣工決算、發票收據等憑證單據由主管部門審核無誤後報總經理批准，到財務部門辦理付款結算手續。

第 66 條：固定資產的處理與報廢.

固定資產的停用、出售或報廢處理，均由保管使用部門提出意見交主管部門審核，報總經理批准後進行處理，並報財務部門審核後作財務處理。

第 67 條：本企業或所屬企業，可按照行業的特點，使用下列財務評價指標：

(1)流動比率＝流動資產/流動負債×100%

(2)速動比率＝（流動資產－存貨）/流動負債×100%

(3)應收賬款週轉率＝賒銷收入/應收賬款平均餘額×100%

(4)存貨週轉率＝銷貨成本/平均存貨×100%

(5)資產負債率＝負債總額/資產總額×100%

(6)資本金利潤率＝利潤總額/資本金總額×100%

(7)營業收入利潤稅率＝利潤總額/營業收入×100%

(8)成本費用利潤率＝利潤總額/成本費用總額×100%

第 68 條：本企業所屬企業，可實行分部核算，子定目標，核定收入，控制成本，提高效益，責任考核，資產承包及超額有獎的辦

法，子定財務核銷考核指標及具體管理辦法。

第 69 條：企業設專職內部審計機構和人員，負責對企業各部門和所屬企業的內部審計工作。

第 70 條：企業每年對所屬企業進行一次年度例行審計。

第 71 條：如董事會或總經理認為必要，可隨時對所屬企業進行專項審計。

二、財務分析管理工作流程

1.財務分析流程圖

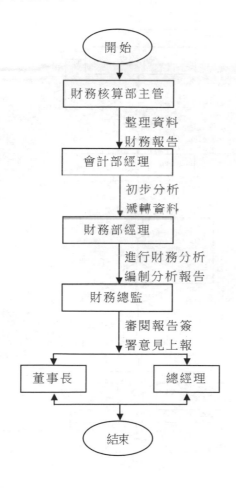

2.財務分析報告流程圖

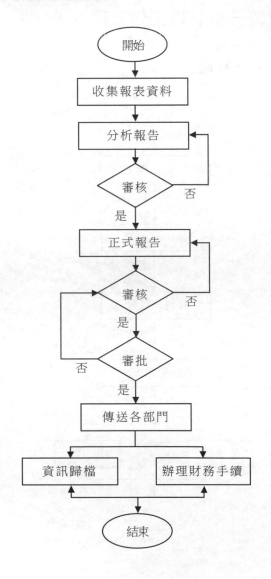

第四節　編制財務報表

　　財務報表是反映企業（或商家）財務狀況和經營成果的總結性書面文件，財務報表是根據日常會計核算資料加以歸集、加工、匯總而成的一個完整的報告體系，用以反映餐飲店的資產、負債和所有者權益的情況及一定期間的經營成果和財務狀況變動信息。編制財務報表是會計核算的一種基本方法，也是會計工作的一項重要內容。

　　財務報表比較全面、系統地反映了企業一定期間的資產、負債和所有者權益的情況和經營財務成果。

　　為了充分發揮財務報表的重要作用，保證報表的品質，對於財務報表的種類、格式、內容和編制方法，必須按財政部的規定執行。

　　編制財務報表的基本要求：

　　①數字真實。財務報表中各項指標數字，必須真實可靠，正確無誤，如實地反映企業的活動情況，不得弄虛作假，估計數字。賬簿記錄是編制財務報表的主要依據，為了保證賬簿記錄真實可靠，編制出正確反映實際情況的財務報表，在編制財務報表前必須認真做好賬賬核對、賬實相符，將分散在各個帳戶中的日常核算資料加以綜合，編制總分類賬戶餘額試算平衡表，經試算平衡後，再據以編制各種財務報表，以做到賬表相符。因為只有根據數字真實的財務報表指標，才能正確地分析問題，評定成績，總結經驗，找出差距，改進工作，如果數字錯誤，就會掩蓋矛盾，得出錯誤的結論，不能起到報表應有的作用。

②計算準確。財務報表是總括反映企業財務狀況和經營成果的報表，因而財務報表各項指標數字的計算必須準確氏誤，如企業的各項資產、負債、所有者權益、收入、費用、利潤等指標都必須按照國有資產管理條例、商品流通企業財務制度的要求，正確地確定各項指標應包括的範圍和計價方法，以準確地計算各項資產、負債、所有者權益的價值。對各項收入和成本費用，也要根據財務會計制度的規定，按其應包括的範圍和規定的內容，準確地計算各項收支和利潤數額，以做到各項指標所反映的內容真實，計算準確。

③內容完整。財務報表必須按照統一規定的報表種類、格式和內容編制，對不同會計期間（月份、季、年度）的財務報表，應按照會計制度規定應當編報的種類填報齊全。對報表中需要說明的問題，應附上簡要的文字說明。財務報表附註是為幫助理解報表的內容，而對報表有關項目所作的解釋。其內容包括：所採用的主要會計方法；會計處理方法的變更情況、變更原因以及財務狀況和經營成果的影響；非經常性項目的說明；報表中有關重要項目的明細資料；其他有助於理解和分析報表需要說明的事項。透過上述附註說明，便於企業和主管部門能更好地理解和應用財務報表。

④報送及時。財務報表是對企業所發生的活動的事後反映，具有較強的時效性。因此，財務報表必須按照會計制度規定的期限，及時編制，按期報送。以便企業主管部門和有關上級部門、投資者、債權人及時瞭解企業的經營情況和財務狀況，也有利主管部門及時匯總上報。

第五節　財務評估報告

一、公司簡況。

本公司董事會願就本報告所載資料的真實性、準確性和完整性負共同及個別責任，並確信未遺漏任何會致使本報告內容有誤導成分的重大事項。本報告內容由本公司董事會負責解釋。

二、財務報告範本。近三年財務指標，如下表所示。

表 11-5-1　近三年財務指標

指標	單位	2014 年	2013 年	2012 年	2014 年比 2013 年增長率（%）
營業收入	萬元	5066	4988	3833	20
其中：主營業務收入	萬元	5947	4988	3833	19
利潤總額	萬元	2801	1606	994	74
稅後利潤	萬元	2380	1324	637	80
資產總額	萬元	20083	17627	6319	14
股東權益	萬元	18400	16423	3511	12
每股淨資產	元	2.09	2.05	1.12	2
每股收益（加權平均）	元	0.27	0.23	0.20	17
每股收益（年末股本）	元	0.27	0.17	0.20	59
每股紅利	元	0.22	0.08	—	175
股東權益比率	%	91.6	93.2	55.6	-2
淨資產收益率	%	13.7	13.3	18.8	3

三、年度分配情況

本公司董事會研究決定，建議 2014 年度的利潤分配及分紅方案如下。

1. 法定公積金 10%，公益金 10%，分紅 80%。

2. 每 10 股送紅股 2 股，派現金紅利 0.70 元。分紅資金不足部份由資本公積金轉入。以上方案尚需經股東大會表決通過，分紅方案尚需報有關主管部門批准後生效。

四、業務回顧

1. 一年來經營業績。2014 年，在公司全體員工的共同努力和全體股東的大力支持下，公司以市場為導向，根據市場要求，積極調整產品結構，開發新產品，落實貨款催收責任，狠抓產品品質和公司內部各項基礎管理工作，實現了效益的較大幅度增長，完成稅後利潤 2380 萬元，達到盈利預測值的 100%。產品的銷量逐年上升，與去年相比，增幅最高達到 40%。不僅如此，全員勞動生產率（按工業增加值計）也比上年增長 25%；同時，各項產品品質穩定，公司未發生重大安全事故。

2. 實際經營與盈利預測對比，具體指標見下表。

表 11-5-2　實際經營與盈利預測對比

指標	單位	××年完成額	××年計劃數	增減比率（%）
主營業務收入（不含稅）	萬元	5947	5641	5.4
主營業務利潤	萬元	1691	1850	-8.6
投資收益	萬元	1113	946	17.6
利潤總額	萬元	2801	2796	0.2
上交所得稅	萬元	420	419	0.2
稅後利潤	萬元	2380	2377	0.1
每股收益（加權平均）	元	0.27	0.27	0
每股收益（年末股本）	元	0.27	0.27	0

五、對前次募集資金的運用情況的說明

××年×月公司股票上市發行，實際募集資金包括另兩家發起人（××國際信託投資公司、××國際貿易有限公司）共 9536 萬元。公司在多方位、多管道利用好募集資金的同時，還積極認真、實事求是地按招股說明書確定項目開展工作，具體說明如下。

1. 投資 3500 萬元用於擴大現有產品生產能力項目。至××年底，實際投入 3296 萬元，其中用於質檢培訓中心 41 萬元。

2. 投資 622 萬元興建綜合工廠項目。自××年底開始動工興建，已投入資金 32 萬元。

3. 興建××工廠項目。與台方合資建立「××有限公司」以擴大規模。

4. 緩建××大廈和地下停車場投資項目。經董事會研究決定，從宏觀調控大局考慮，結合我公司實際情況，暫緩該項目的建設，將資金投入上述其他項目以獲取效益。

六、股本變動情況

1. 股本結構（面值：每股 1 元）。

表 11-5-3　股本結構

	股份類別	年初數（股）	佔總股本（%）	年末數（股）	佔總股本（%）
尚未流通股	1. 發起人股	56000000	70	61600000	70
	其中：				
	國家股	40000000	50	44000000	50
	境內法人股	16000000	20	17600000	20
	2. 募集法人股	4000000	5	4400000	5
	3. 內部職工股	2000000	2.5	18800	0.02
	合計	62000000	77.5	66018800	75.02
已流通股	A 股	18000000	22.5	21981200	24.98
	已流通股份	18000000	22.5	22000000	24.98
	股份總數	80000000	100	88000000	100

2. 前 10 名最大股東持股情況和比例。

表 11-5-4　前 10 名最大股東持股情況和比例

單位	持股數（萬股）	佔總股本（%）
1. ××公司	4400	50
2. ××信託投資公司	880	10
3. ××貿易公司	880	10
4. ××集團股份有限公司	165	1.875
5. ××公司	77	0.875
6. ××證券公司證券業務部	47.3	0.537
7. ××水泥廠	33	0.375
8. ××保健品公司	22	0.25
9. ××××服務公司	16.5	0.1875
10. ××民航開發公司	11	0.125

3.董事、監事及高級管理人員變更情況及持股情況。

公司第八次董事會決定，×××不再擔任××實業股份有限公司董事，同意其辭去董事長職務；同時一致推選公司總經理××擔任董事長，空缺董事由以後股東大會確認。

公司其他高級管理人員 2019 年度內無變更情況。本公司原 200 萬職工內部股，經有關部門批准，除公司董事、監事及高級管理人員中 7 名持股者所持有的 1.88 萬股外，其餘的 198.12 萬股已於××年 7 月中旬上市交易。

七、重要事項

本報告期內公司無重人訴訟、仲裁事項。

××年×月×日本公司董事會制定了××年度配股方案，每 10 股配 2.7 股，配股價暫定為 3 元，確切價格待實施配股方案時再視行情確定。本方案尚需股東大會表決，報政府有關部門審批，並經證券監督管理委員會復審後，方可實行。

八、業務展望

1.繼續抓緊完成以下投資項目。

⑴新建質檢培訓大樓。

⑵新建綜合工廠。

⑶與台方合資生產××。

⑷根據××技術研究中心的實際情況，計劃投資 150 萬元資金，逐步擴大規模。

2.繼續加強全面品質管制，進一步深入貫徹落實 GMP 認證工作，深入宣傳貫徹 ISO9000 系列標準。根據現代企業制度的要求強化公司管理，做好各項基礎工作，做到向管理要效益。

3.狠抓經營，進一步加強銷售，調整產品結構，積極開拓市場，

落實貨款回籠。

4.結合市場需求，多途徑、全方位抓好新產品的研製開發以及老產品的技術和用途方面的研究工作；同時加強與××地區的合作，開發利用××資源。

九、其他事項

1.公司基本資料。(略)

2.公司資料查詢情況。(略)

十、經有關從事證券業務資格的會計師事務所審計的資產負債表、利潤表和重要的財務報表附註說明。

1.審計報告。(略)

2.資產負債表、利潤及利潤分配表、財務狀況變動表見附表。

3.財務報表附註說明。包括主要會計政策、變化較大的資產和負債項目說明、經營業績、主要稅項。(略)

　　　　　　××實業股份有限公司董事會××××年×月×日

企業的核心競爭力，就在這裡！

圖 書 出 版 目 錄

憲業企管顧問（集團）公司為企業界提供診斷、輔導、培訓等專項工作。下列圖書是由臺灣的憲業企管顧問（集團）公司所出版，自 1993 年秉持專業立場，特別注重實務應用，50 餘位顧問師為企業界提供最專業的經營管理類圖書。

選購企管書，敬請認明品牌：**憲 業 企 管 公 司**。

1. 傳播書香社會，直接向本出版社購買，一律 9 折優惠，郵遞費用由本公司負擔。服務電話 (02)27622241　(03)9310960　　傳真 (03)9310961
2. 付款方式：請將書款轉帳到我公司下列的銀行帳戶。
   - 銀行名稱：合作金庫銀行（敦南分行）　帳號：**5034-717-347447**
     公司名稱：憲業企管顧問有限公司
   - 郵局劃撥號碼：**18410591**　郵局劃撥戶名：憲業企管顧問公司
3. 圖書出版資料每週隨時更新，請見網站 **www.bookstore99.com**

經營顧問叢書

25	王永慶的經營管理	360 元
52	堅持一定成功	360 元
56	對準目標	360 元
60	寶潔品牌操作手冊	360 元
78	財務經理手冊	360 元
79	財務診斷技巧	360 元
91	汽車販賣技巧大公開	360 元
97	企業收款管理	360 元
100	幹部決定執行力	360 元
122	熱愛工作	360 元
129	邁克爾·波特的戰略智慧	360 元
130	如何制定企業經營戰略	360 元
135	成敗關鍵的談判技巧	360 元
137	生產部門、行銷部門績效考核手冊	360 元
139	行銷機能診斷	360 元
140	企業如何節流	360 元
141	責任	360 元
142	企業接棒人	360 元
144	企業的外包操作管理	360 元
146	主管階層績效考核手冊	360 元
147	六步打造績效考核體系	360 元
148	六步打造培訓體系	360 元
149	展覽會行銷技巧	360 元
150	企業流程管理技巧	360 元

284	時間管理手冊	360 元
285	人事經理操作手冊（增訂二版）	360 元
286	贏得競爭優勢的模仿戰略	360 元
287	電話推銷培訓教材（增訂三版）	360 元
288	贏在細節管理（增訂二版）	360 元
289	企業識別系統 CIS（增訂二版）	360 元
290	部門主管手冊（增訂五版）	360 元
291	財務查帳技巧（增訂二版）	360 元
293	業務員疑難雜症與對策（增訂二版）	360 元
295	哈佛領導力課程	360 元
296	如何診斷企業財務狀況	360 元
297	營業部轄區管理規範工具書	360 元
298	售後服務手冊	360 元
299	業績倍增的銷售技巧	400 元
300	行政部流程規範化管理（增訂二版）	400 元
302	行銷部流程規範化管理（增訂二版）	400 元
304	生產部流程規範化管理（增訂二版）	400 元
305	績效考核手冊(增訂二版)	400 元
307	招聘作業規範手冊	420 元
308	喬·吉拉德銷售智慧	400 元
309	商品鋪貨規範工具書	400 元
310	企業併購案例精華（增訂二版）	420 元
311	客戶抱怨手冊	400 元
314	客戶拒絕就是銷售成功的開始	400 元
315	如何選人、育人、用人、留人、辭人	400 元
316	危機管理案例精華	400 元
317	節約的都是利潤	400 元
318	企業盈利模式	400 元
319	應收帳款的管理與催收	420 元
320	總經理手冊	420 元
321	新產品銷售一定成功	420 元

322	銷售獎勵辦法	420 元
323	財務主管工作手冊	420 元
324	降低人力成本	420 元
325	企業如何制度化	420 元
326	終端零售店管理手冊	420 元
327	客戶管理應用技巧	420 元
328	如何撰寫商業計畫書（增訂二版）	420 元
329	利潤中心制度運作技巧	420 元
330	企業要注重現金流	420 元
331	經銷商管理實務	450 元
332	內部控制規範手冊（增訂二版）	420 元
333	人力資源部流程規範化管理（增訂五版）	420 元
334	各部門年度計劃工作（增訂三版）	420 元
335	人力資源部官司案件大公開	420 元
336	高效率的會議技巧	420 元
337	企業經營計劃〈增訂三版〉	420 元
338	商業簡報技巧（增訂二版）	420 元
339	企業診斷實務	450 元
340	總務部門重點工作（增訂四版）	450 元
341	從招聘到離職	450 元
342	職位說明書撰寫實務	450 元
343	財務部流程規範化管理（增訂三版）	450 元

《商店叢書》

18	店員推銷技巧	360 元
30	特許連鎖業經營技巧	360 元
35	商店標準操作流程	360 元
36	商店導購口才專業培訓	360 元
37	速食店操作手冊〈增訂二版〉	360 元
38	網路商店創業手冊〈增訂二版〉	360 元
40	商店診斷實務	360 元
41	店鋪商品管理手冊	360 元
42	店員操作手冊（增訂三版）	360 元
44	店長如何提升業績〈增訂二版〉	360 元

45	向肯德基學習連鎖經營〈增訂二版〉	360 元
47	賣場如何經營會員制俱樂部	360 元
48	賣場銷量神奇交叉分析	360 元
49	商場促銷法寶	360 元
53	餐飲業工作規範	360 元
54	有效的店員銷售技巧	360 元
56	開一家穩賺不賠的網路商店	360 元
58	商鋪業績提升技巧	360 元
59	店員工作規範（增訂二版）	400 元
61	架設強大的連鎖總部	400 元
62	餐飲業經營技巧	400 元
64	賣場管理督導手冊	420 元
65	連鎖店督導師手冊（增訂二版）	420 元
67	店長數據化管理技巧	420 元
69	連鎖業商品開發與物流配送	420 元
70	連鎖業加盟招商與培訓作法	420 元
71	金牌店員內部培訓手冊	420 元
72	如何撰寫連鎖業營運手冊〈增訂三版〉	420 元
73	店長操作手冊（增訂七版）	420 元
74	連鎖企業如何取得投資公司注入資金	420 元
75	特許連鎖業加盟合約（增訂二版）	420 元
76	實體商店如何提昇業績	420 元
77	連鎖店操作手冊（增訂六版）	420 元
78	快速架設連鎖加盟帝國	450 元
79	連鎖業開店複製流程（增訂二版）	450 元
80	開店創業手冊〈增訂五版〉	450 元
81	餐飲業如何提昇業績	450 元

《工廠叢書》

15	工廠設備維護手冊	380 元
16	品管圈活動指南	380 元
17	品管圈推動實務	380 元
20	如何推動提案制度	380 元
24	六西格瑪管理手冊	380 元
30	生產績效診斷與評估	380 元
32	如何藉助 IE 提升業績	380 元

46	降低生產成本	380 元
47	物流配送績效管理	380 元
51	透視流程改善技巧	380 元
55	企業標準化的創建與推動	380 元
56	精細化生產管理	380 元
57	品質管制手法〈增訂二版〉	380 元
58	如何改善生產績效〈增訂二版〉	380 元
68	打造一流的生產作業廠區	380 元
70	如何控制不良品〈增訂二版〉	380 元
71	全面消除生產浪費	380 元
72	現場工程改善應用手冊	380 元
77	確保新產品開發成功（增訂四版）	380 元
79	6S 管理運作技巧	380 元
84	供應商管理手冊	380 元
85	採購管理工作細則〈增訂二版〉	380 元
88	豐田現場管理技巧	380 元
89	生產現場管理實戰案例〈增訂三版〉	380 元
92	生產主管操作手冊（增訂五版）	420 元
93	機器設備維護管理工具書	420 元
94	如何解決工廠問題	420 元
96	生產訂單運作方式與變更管理	420 元
97	商品管理流程控制(增訂四版)	420 元
102	生產主管工作技巧	420 元
103	工廠管理標準作業流程〈增訂三版〉	420 元
105	生產計劃的規劃與執行(增訂二版)	420 元
107	如何推動 5S 管理（增訂六版）	420 元
108	物料管理控制實務〈增訂三版〉	420 元
111	品管部操作規範	420 元
113	企業如何實施目視管理	420 元
114	如何診斷企業生產狀況	420 元
115	採購談判與議價技巧〈增訂四版〉	450 元
116	如何管理倉庫〈增訂十版〉	450 元

117	部門績效考核的量化管理（增訂八版）	450 元
118	採購管理實務〈增訂九版〉	450 元

《培訓叢書》

12	培訓師的演講技巧	360 元
15	戶外培訓活動實施技巧	360 元
21	培訓部門經理操作手冊（增訂三版）	360 元
23	培訓部門流程規範化管理	360 元
24	領導技巧培訓遊戲	360 元
26	提升服務品質培訓遊戲	360 元
27	執行能力培訓遊戲	360 元
28	企業如何培訓內部講師	360 元
31	激勵員工培訓遊戲	420 元
32	企業培訓活動的破冰遊戲（增訂二版）	420 元
33	解決問題能力培訓遊戲	420 元
34	情商管理培訓遊戲	420 元
36	銷售部門培訓遊戲綜合本	420 元
37	溝通能力培訓遊戲	420 元
38	如何建立內部培訓體系	420 元
39	團隊合作培訓遊戲（增訂四版）	420 元
40	培訓師手冊（增訂六版）	420 元
41	企業培訓遊戲大全(增訂五版)	450 元

《傳銷叢書》

4	傳銷致富	360 元
5	傳銷培訓課程	360 元
10	頂尖傳銷術	360 元
12	現在輪到你成功	350 元
13	鑽石傳銷商培訓手冊	350 元
14	傳銷皇帝的激勵技巧	360 元
15	傳銷皇帝的溝通技巧	360 元
19	傳銷分享會運作範例	360 元
20	傳銷成功技巧（增訂五版）	400 元
21	傳銷領袖（增訂二版）	400 元

22	傳銷話術	400 元
24	如何傳銷邀約（增訂二版）	450 元

為方便讀者選購，本公司將一部分上述圖書又加以專門分類如下：

《主管叢書》

1	部門主管手冊（增訂五版）	360 元
2	總經理手冊	420 元
4	生產主管操作手冊（增訂五版）	420 元
5	店長操作手冊（增訂七版）	420 元
6	財務經理手冊	360 元
7	人事經理操作手冊	360 元
8	行銷總監工作指引	360 元
9	行銷總監實戰案例	360 元

《總經理叢書》

1	總經理如何管理公司	360 元
2	總經理如何領導成功團隊	360 元
3	總經理如何熟悉財務控制	360 元
4	總經理如何靈活調動資金	360 元
5	總經理手冊	420 元

《人事管理叢書》

1	人事經理操作手冊	360 元
2	從招聘到離職	450 元
3	員工招聘性向測試方法	360 元
5	總務部門重點工作（增訂四版）	450 元
6	如何識別人才	360 元
7	如何處理員工離職問題	360 元
8	人力資源部流程規範化管理（增訂五版）	420 元
9	面試主考官工作實務	360 元
10	主管如何激勵部屬	360 元
11	主管必備的授權技巧	360 元
12	部門主管手冊（增訂五版）	360 元

在海外出差的………
台灣上班族

愈來愈多的台灣上班族，到大陸工作（或出差），對工作的努力與敬業，是台灣上班族的核心競爭力；一個明顯的例子，返台休假期間，台灣上班族都會抽空再買書，設法充實自身專業能力。

[憲業企管顧問公司]以專業立場，為企業界提供最專業的各種經營管理類圖書。

85%的台灣上班族都曾經有過購買（或閱讀）[憲業企管顧問公司]所出版的各種企管圖書。

尤其是在競爭激烈或經濟不景氣時，更要加強投資在自己的專業能力，建議你：

工作之餘要多看書，加強競爭力。

台灣最大的企管圖書網站
www.bookstore99.com

建立企業圖書館

當市場競爭激烈時：

培訓員工，強化員工競爭力
是企業最佳對策

「人才」是企業最大的財富。如何提升人才，是企業永續經營、戰勝對手的核心競爭力。積極培訓公司內部員工，是經濟不景氣時期的最佳戰略，而最快速的具體作法，就是「建立企業內部圖書館，鼓勵員工多閱讀、多進修專業書籍」

建議您：請一次購足本公司所出版各種經營管理類圖書，作為貴公司內部員工培訓圖書。使用率高的（例如「贏在細節管理」），準備 3 本；使用率低的（例如「工廠設備維護手冊」），只買 1 本。

給總經理的話

　　總經理公事繁忙，還要設法擠出時間，赴外上課進修學習，努力不懈，力爭上游。

　　總經理拚命充電，但是員工呢？

　　公司的執行仍然要靠員工，為什麼不要讓員工一起進修學習呢？

　　買幾本好書，交待員工一起讀書，或是買好書送給員工當禮品。簡單、立刻可行，多好的事！

經營顧問叢書 (343)　　售價：450 元

財務部流程規範化管理（增訂三版）

西元二〇二二年四月　　增訂三版一刷

編著：郭東萊
策劃：麥可國際出版有限公司（新加坡）
編輯：蕭玲
封面設計：宇軒設計工作室
校對：劉飛娟
發行人：黃憲仁
發行所：憲業企管顧問有限公司
電話：(02) 2762-2241　(03) 9310960　0930872873
電子郵件聯絡信箱：huang2838@yahoo.com.tw
銀行 ATM 轉帳：合作金庫銀行　帳號：5034-717-347447
郵政劃撥：18410591　憲業企管顧問有限公司
江祖平律師顧問：紙品書、數位書著作權與版權均歸本公司所有
登記證：行政業新聞局版台業字第 6380 號

本公司徵求海外版權出版代理商（0930872873）

本圖書是由憲業企管顧問（集團）公司所出版，以專業立場，為企業界提供最專業的各種經營管理類圖書。

圖書編號 ISBN：978-986-369-107-5